‚Es gibt gewisse Dinge in der Natur, in denen sich Schönheit und Zweckmäßigkeit in nahezu unfaßbarer Form vereinen: Das Netz einer Spinne, der Flügel einer Libelle, der großartig stromlinienförmige Körper eines Delphins und die Bewegungen einer Katze'.

Konrad Lorenz

Fritz Pölking – Norbert Rosing

Geparde

Die schnellsten Katzen der Welt

Tecklenborg Verlag

1. Auflage August 1993

Siemensstraße 4, D-48565 Steinfurt

Printed in Germany
Druckhaus Tecklenborg, D-48565 Steinfurt

Layout
Jan Tölle, D-48143 Münster

Lithoherstellung
MAD, D-48155 Münster

ISBN 3-924044-11-2

Ein alter Feigenbaum in der Masai Mara, in den ersten Sonnenstrahlen des frühen Morgens. ◁

Nikon F3, 2.8/35 mm, K-64

Um eine bessere Übersicht zu haben, legt sich die Gepardin meist auf einen Erdhügel oder sonstigen erhöhten Punkt. Ihre Jungen legen sich wegen der sozialen Nähe gerne neben ihre Mutter. ▷

Leica R6, Apo-Telyt 3.4/180, Fujichrome Velvia-50

Inhaltsverzeichnis

Nikon F4, 4.0/300 mm, Fujichrome-100

Nikon F4, 4.0/300 mm, Fujichrome-100

Hier hat die Gepardin – keine 50 Meter von ihrer Kinderstube entfernt – eine Grantgazelle erbeutet. Eine Gepardin mit Jungen ist in einer diffizilen Situation: Jagt sie in der Nähe des Kinderlagerplatzes, kann sie die Jungen leichter verteidigen, lockt aber durch die Beute vielleicht Löwen oder Hyänen in die Nähe der Jungen. Jagt sie weit entfernt, besteht diese Gefahr nicht, aber sie muß sich länger von den Kleinen entfernen und kann die Kinderstube nicht im Auge behalten.
Hier blieb sie vier Stunden in der Nähe der Beute, bevor sie anfing zu fressen. ▷

Nikon F4, 3.5/28-70 mm, Polfilter, Fujichrome Velvia-50

Leica R6.2, Summilux 1.4 / 80, Fujichrome Velvia-50

Vorwort

Wenn sich zwei erfahrene, international mit höchsten fotografischen Ehren dekorierte Naturfotografen gezielt mit ihren Leicas und Nikons einer einzelnen Tierart annehmen, kann es nicht verwundern, daß etwas Großes dabei herauskommt. Wenn sie als Objekt den Gepard wählen, jene ungewöhnlich elegante, von der Ausrottung bedrohte große Katze mit so viel liebenswerten Eigenschaften, liegt darin eine weitere Garantie für erstklassige Fotomotive. Nun noch in Kenias Masai Mara-Nationalreservat an die Arbeit zu gehen, kann den Erfolg nur noch weiter absichern. Also ein Bilderbuch mehr mit zauberhaften Fotos einer begeisternd schönen Tierart auf dem Buchmarkt? Das hieße: durchblättern, von der gefleckten Katze entzückt sein, den Autoren Bewunderung zollen – und den Bildband ins Bücherbord stellen.

Nein, das bringt sicher niemand fertig, denn Fritz Pölking und Norbert Rosing haben etwas ganz anderes geschaffen. Ihr Werk bietet neben dem ästhetischen Genuß eine Reihe von Darstellungen bestimmter biologischer Verhaltensabläufe. Dadurch wird dieser Bildband zu einem Ansporn, die Konzepte heutiger Tierfotografie an einen neuen Standard anzupassen, der typische Verhaltensweisen zum roten Faden macht.

Da wird z.B. die Fortbewegung in strenger Abhängigkeit von dem, was das Tier gerade vorhat, klarer im Bild herausgearbeitet, als das viele beschreibende Worte könnten. Die Fähigkeiten der Geparden im Schritt sowohl den Paßgang als auch den Kreuzgang zu benutzen, ist auf den Bildern unübersehbar. Das Fliegen im Galoppsprint, die Beweglichkeit mit dem Sich-in-die-Kurve-Legen beim Verfolgen der Beute und die Beherrschung des Körpers beim Schlagen der Beute geben einen genauen Einblick in die Bewegungsmechanik eines Sprintjägers.

Horst Hagen

Das Komfortverhalten wird durch Bilder vom Übergang des fellpflegenden Lecken zum sozialen Lecken unübertrefflich visualisiert. Prachtvoll sind die Fotos vom Räkelsyndrom und dem Komfortgähnen.

Ruhe-, Döse- und Schlafverhalten sind unmißverständlich abgebildet. Die Familie wird als typische Sozialstruktur der Geparde vorgestellt. Kontaktliegen, Friedfertigkeit am Riß und das Spiel mit Artgenossen unter Einbeziehung der Mutter sind fotografisch sichtbar gemachte Elemente der arttypischen Sozialorganisation. Ohne ein erklärendes Wort wird Feindvermeidung zu einer fotografisch erkennbar gemachten Verhaltensweise. Einen breiten Raum nimmt der Verhaltenskomplex der Nahrungssuche, des Nahrungserwerbs und Nahrungsverzehrs ein, sicher nicht zuletzt wegen der tierfotografischen Herausforderung, solche Sequenzen auf den Film zu bannen.

Es ist ein besonderes Verdienst dieses Bildbandes, auch jene Geschehnisse in der Natur zu zeigen, die bei oberflächlichem Durchdenken und geringem Kenntnisstand von der Realität der Tier-,Psychologie' manche Menschen grausam anmuten. Geparden müssen Fleisch fressen. Frisches, blutiges Fleisch. Und dazu müssen sie Tiere verfolgen, reißen und töten. Dieses sehr komplexe Verhalten muß mit den reifenden Fähigkeiten der jungen Geparden intensiv trainiert werden. Viele Menschen, die im Fernsehen tatsächliche Brutalitäten und widerwärtige Greueltaten gezielt bei Bier und Chips im Lehnsessel förmlich genießen, verdrängen die Wirklichkeiten des Alltags in der

African Safari Club
MOMBASA

Natur in geradezu manirierter Weise. Unzulässig übertragen sie menschliche Empfindungen auf Tiere. Sie vergessen bei derartig vermenschlichender Betrachtungsweise, daß die Kategorien unserer menschlichen Empfindungen nicht auf Tiere übertragbar sind.

Natürlich ist das Tier in hohem Maße leidfähig. Die Würde des Tieres sollte wie die des Menschen und allen Lebens unantastbar sein. Täglich verletzen wir sie bei der nichtartgemäßen Haustierhaltung, der belustigenden Zur-Schau-Stellung im Zirkus, in nicht gerechtfertigten Tierversuchen oder mit verstümmelndem Schrotschuß beim Waidwerk. In seinem angestammten Lebensraum aber wird durch ungestörte Abläufe der natürlichen Vorgänge beim Nahrungserwerb die Würde des Tieres weder aktiv durch das jagende Tier noch passiv durch das Beute-werden beeinträchtigt. Die Vorgänge auf der Jagd und beim Töten – selbst wenn es langsam geschieht – sind weder gnadenlos noch brutal. Sie sind auch nicht mit grausamem Leid verbunden, schon weil das keine Dimensionen tierlichen Empfindens sind. Wer die Bilder dieses Bildbandes gerade zu diesem Themenkomplex ohne Vorurteil oder Klischeedenken auf sich wirken läßt, wird seine Meinung von der angeblich erschreckend barbarischen Natur revidieren. Geparde haben eine sehr ausdrucksvolle Mimik. Ist in einem dieser Bilder auf Seite 41 bis 48 oder 74 bis 77 ein blutrünstiger Ausdruck im Gepardengesicht? Sind nicht die Bilder 41 bis 48 geradezu entwaffnende Beweise für Unschuld im Tierreich schlechthin? Und die Beutetiere, die hier als Trainingsobjekt dienen? Sind bei ihnen Angst, Grauen, Qual, Entsetzen zu sehen? Man erkennt den Schock der Beutetiere, man sieht, daß sie dem eigentlichen Geschehen entrückt sind. Für die Sichtbarmachung dieser Erkenntnis muß jeder, der die Natur so verstehen lernen möchte, wie sie ist, den Autoren dankbar sein.

Die Autoren am ‚Arbeitsplatz' in der Masai Mara in Kenia. ◁

Die Bemerkungen über Sinn und Unsinn des Managements bedrohter Natur können zum Glück für Tierfotografen auf der Ebene von Spekulationen bleiben. Der langfristige, naturgerechte Einfluß menschlichen Managements ist wissenschaftlich noch nicht einmal ansatzweise bewiesen. Dagegen haben wir genügend Kenntnisse, daß natürliche Systeme, in die erst einmal geplant eingegriffen wurde, immer weiterer und tiefgreifenderer Korrekturen durch den Menschen bedürfen.

Hoffen wir, daß die Verantwortlichen sich darauf besinnen, daß der Gepard zum Überleben nur ausreichend großen Lebensraum braucht, in dem er genügend Beutetiere findet. Das garantiert ihm, sich durch laufende Anpassungen unserer immer enger werdenden und sich ständig wandelnden Welt anzupassen. Es gilt, große, der Nutzung durch den Menschen entzogene Naturräume wie das Mara-Serengeti-Ökosystem zu erhalten und womöglich zu vergrößern. Politische Ansätze dafür zu finden und den Regierungen der armen afrikanischen Nationen bei deren Durchsetzung zu helfen, ist viel wirksamerer Artenschutz als jedes Management mit Pulver und Blei, Tiermedizin, Zufütterung oder anderen aktionistischen vermeintlichen Regulativen.

Wer möchte seinen Enkeln sagen: „In Afrika gab es einst Geparden. Das sind jene Tiere, die von Fritz Pölking und Norbert Rosing einstmals in allen Facetten ihres natürlichen Lebens so meisterlich im Bild und in einem informativen Bildband festgehalten wurden."

Horst Hagen

Von allen Fleischfressern haben die Geparde die vollendetste Anpassung an eine auf ständige Jagd angewiesene Lebensweise. Schlank, hochbeinig, hager, mit unglaublichen Augen und der einmaligen Geschwindigkeit von bis zu 110 Kilometer in der Stunde über kurze Distanzen, ist der Gepard das schnellste Säugetier der Erde.
Hier wird die Gepardin spielerisch von ihrem Jungen gejagt. ◁

Nikon F4, 4.0/300 mm, Fujichrome Velvia-50

Die kleinen Geparde verlieren ihr besonderes Geburtsfell mit den langen Haaren im Alter von etwa 4 Monaten, wenn sie alt genug sind, den meisten Feinden davonzulaufen. Dies ist auch die Zeit, wenn die Gepardin mit ihren Jungen beginnt das Revier zu verlassen und ein Nomadenleben anfängt, indem sie den wandernden Herden der Gazellen folgt. ▷

Nikon F4, 3.5/400 mm, Fujichrome Velvia-50

Nikon F4, 3.5 / 400 mm, Fujichrome Velvia-50

Nikon F4, 3.5 / 400 mm, Fujichrome Velvia-50

Unser Hauptarbeitsgebiet war der nordwestliche Teil der Masai Mara. ▷

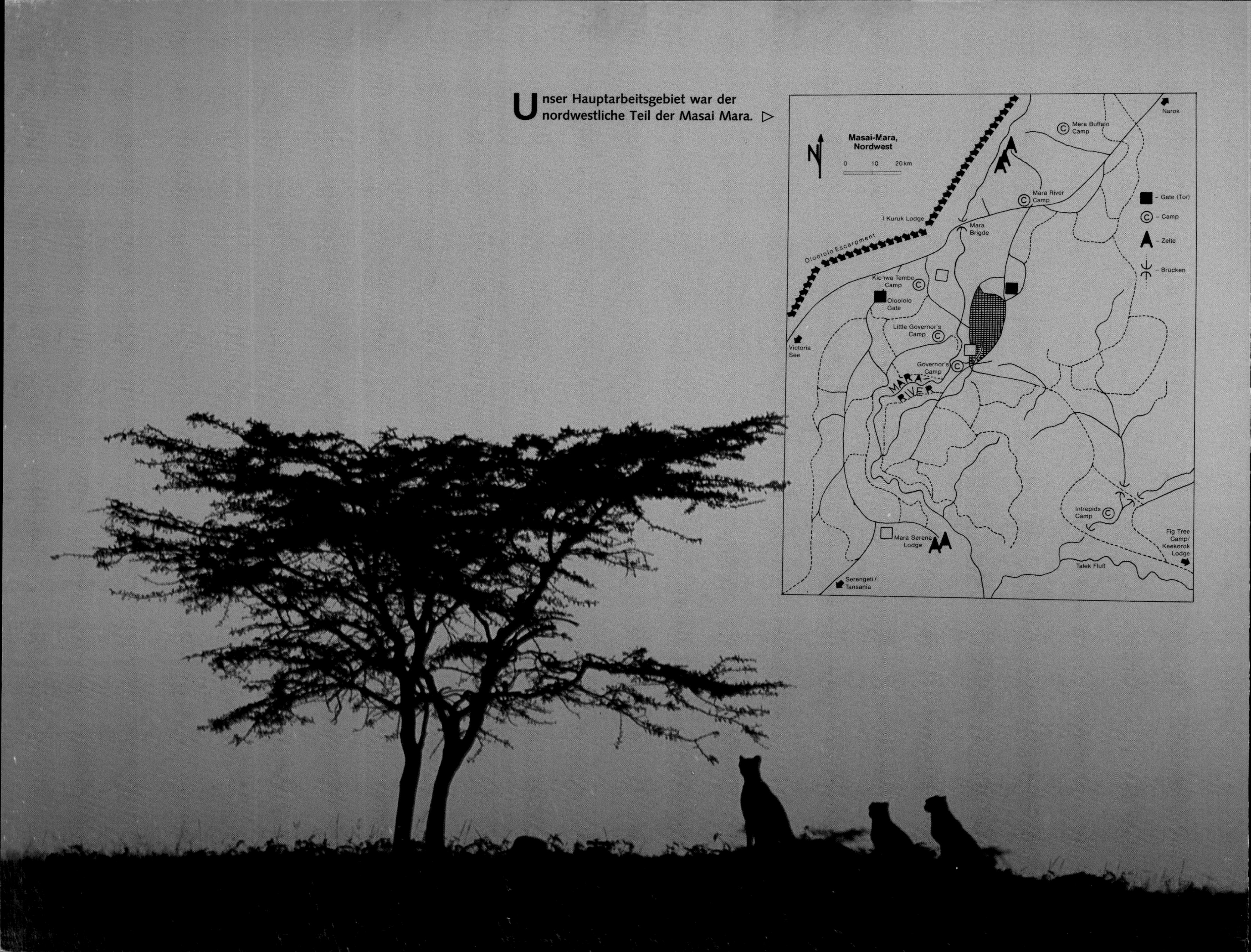

Zoologisches Stichwort

Ordnung: Carnivora (Raubtiere)

Familie: Felidae (Katzen)

Gattung: Acinonyx

Art: Jubatus

Wissenschaftlicher Name: Acinonyx jubatus

Deutscher Name: Gepard

Englischer Name: Cheetah

Suaheli Name: Duma

Vorkommen:
Hauptsächlich Afrika, südlich der Sahara. Vielleicht noch Einzeltiere in Nordafrika und Arabien. Kleine Restbestände im Iran und Kasaczian.

Bestand:
Im Mara-Gebiet schätzt man 30 - 100 Exemplare (wahrscheinlich um die 50), in der Serengeti 200 - 1.000, wahrscheinlich um 500. Weltbestandsangaben schwanken um die 5.000 - 25.000 Exemplare.

Ein traumhafter roter Morgen über der Savanne. Eine Gepardin mit ihren Jungen ist bereits auf den Beinen, um nach Beute Ausschau zu halten. Da Geparde reine Tagjäger sind, ruhen sie nachts, außer in mondhellen Nächten. ◁

Leica R6, Apo-Telyt, 2.8 / 400, Fujichrome Velvia-50

Nikon F4, 4.0 / 300 mm, Fujichrome-100 ▷

Im Serengeti-Mara-Ökosystem leben etwa 500-600 Geparde. Etwa 50 davon findet man im Masai Mara-Reservat und im umliegenden, von Masai und ihren Herden besiedeltem Mara-Gebiet.

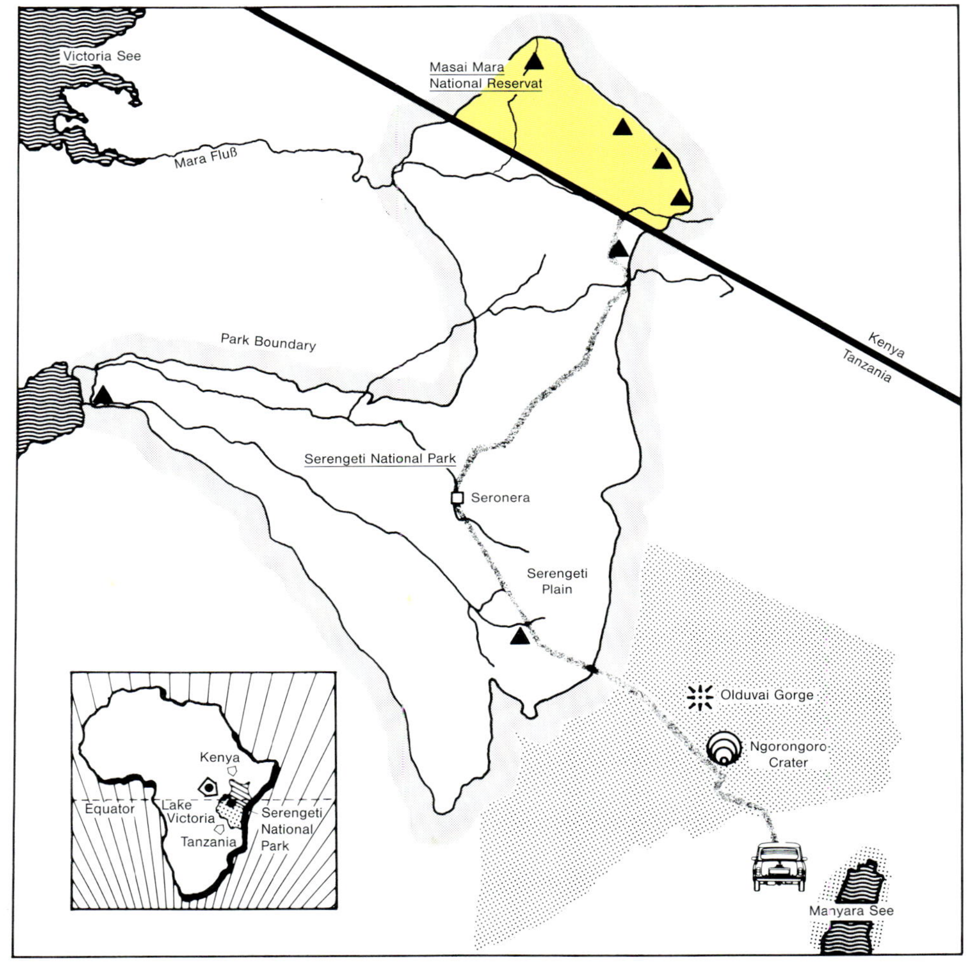

Nach stärkeren Regenfällen bleiben oftmals Feldwasser-Pfützen in Erdvertiefungen stehen, die Geparde sehr gerne als Trinkwasserreservoir nutzen.

Leica R6, Apo-Telyt 3.4/180, Fujichrome Velvia-50 ◁

Leica R6
Summilux 1.4/80, Fujichrome 100 ▷

Olympisches Gold ohne Doping

Wenn es eine Olympiade geben würde für die Säugetiere der Welt – Cheetah würde leicht und locker die 200 und 400 Meter Sprintstrecken gewinnen – ohne Steroide und ohne Hilfe von Frau Anna Bolika.
Die ganz exakt mögliche Höchstgeschwindigkeit dieser Katze zu messen, dürfte schwierig sein, aber sie wird so um die 110 km/h (68 mph) liegen.

Die große Stärke des Geparden ist seine Spurtgeschwindigkeit. Diese Thomsongazelle wurde nach einer Distanz von etwa 150 Metern geschlagen. Das Erfolgsglück der Jagd ist je nach Gepard und Situation unterschiedlich. △

EOS 1, 4.5 / 500 L, Kodachrome-200

Wenn in den frühen und kühlen Morgenstunden die Jagd auf Gazellen erfolglos war, dann versucht die Gepardin gerne später, Hasen zu erbeuten. Hasenjagd ist anscheinend nicht so anstrengend. Dazu geht sie in der Savanne ganz systematisch von Grasbüschel zu Grasbüschel und sucht ihr Gebiet sehr sorgfältig ab. ▷

Nikon F4, 4.0 / 300 mm, Fujichrome-100

Diese Überlegenheit im Tempo hat auch die Jagdtechnik entscheidend beeinflußt. Sie jagt nicht wie die anderen Katzen; Cheetah schleicht sich langsam und vorsichtig – oft ohne jede Deckung – an, aber mit viel Geduld. Es kann Sekunden, aber auch Stunden dauern. Wenn sie sich bis auf 50 - 20 Meter angeschlichen hat, rennt sie los – und dann muß sie die fliehende Beute spätestens innerhalb von 600 Meter erbeutet haben, für einen weiteren Sprint reicht ihre Kraft nicht. Hat sie dann ihre Beute erreicht, wirft sie diese mit einem kräftigen Prankenhieb um und reißt sie von den Beinen. Dann ist Cheetah blitzschnell über ihrem Opfer und drückt ihm mit einem kräftigen Biß die Kehle zu und versucht es zu ersticken. Direkt durch einen Biß töten, wie ein Leopard oder Löwe, kann sie ihre Beute nicht, dazu ist ihr Gebiß nicht kräftig genug.
Das krönende Erlebnis für Besucher in der Savanne ist es zuzuschauen, wenn eine große Katze Beute schlägt. Hier sind beim Gepard die Chancen am größten, weil dieser in der offenen

Landschaft jagt, am hellen Tag – meistens zwischen 8.00 und 10.00 Uhr morgens – also erst dann, wenn die Safarifahrzeuge mit den Touristen im Feld sind, und weil der Gepard am häufigsten und regelmäßigsten von allen Katzen in der Mara jagt.
Darum ist der Gepard hier auch für den Tourismus so wichtig, denn einen jagenden Geparden kann man den Touristen bei einem Aufenthalt von einer Woche in der Mara als absoluten Safarihöhepunkt relativ sicher vermitteln – und begeisterte Besucher sind für Existenz und Zukunftssicherung der Mara der beste – der einzige – Garant. Keiner kann sich dem tiefen Eindruck entziehen, den eine solche Gepardenjagd hinterläßt. Wahrscheinlich beeindrucken solche Beobachtungen besonders unsere noch vorhandenen Restinstinkte aus der Zeit, als wir noch Jäger und Sammler waren und vielleicht viele millionen Jahre lang Nachbar der schönen Katze Cheetah. Ihr Name kommt aus dem Sanskrit und bedeutet "Der Gepunktete".

Hier hat die Gepardin in der Mittagshitze einen Hasen erbeutet. Kleine Beutetiere erstickt der Gepard manchmal im Lauf, auf seinem Weg zu den Jungen oder in eine Deckung.

Nikon F4, 4.0/300 mm, Fujichrome-100 ◁

Frühpirsch – oft ist die Gepardin schon vor Sonnenaufgang unterwegs. Obgleich überwiegend tagaktiv, jagt sie doch auch in Vollmondnächten.
Hier streckt sie sich nach Katzenart und kratzt an einem Baumstamm, etwa 15 Minuten bevor die Sonne am Horizont erscheint. ▷

Nikon F4, 3.5/400 mm mit 2x Konverter, Fujichrome-400

Oftmals sind Bäume willkommene Aussichtspunkte, um nach Beute zu suchen.

Leica R6, Summilux 1.4/80 mm, Fujichrome Velvia-50

In der Regenzeit ist das Leben für Geparde nicht immer angenehm.

Leica R6, Summilux 1.4/80, Kodachrome-200 ▷

Nur die Schnellsten überleben ...?

Langsam, vorsichtig und jede Deckung nutzend, hatte sich die Gepardin an das Impalaweibchen mit ihrem Jungen herangepirscht. Nun lag sie geduckt hinter einem kleinen Busch, dem letzten zwischen ihr und der Beute. Nur noch 60 - 80 Meter Distanz waren es bis dorthin – aber es gab ein Problem.
Fünf Zebras weideten auf halber Entfernung und wenn die Gepardin jetzt angegriffen hätte, würde die Reaktion der Zebras die Jagd auf das kleine Impala wahrscheinlich erfolglos gemacht haben.
Die Gepardin schlug daher einen großen Bogen durch die nahe gelegene Buschsavanne und kam etwa zehn Minuten später genau entgegengesetzt aus dem Dickicht herausgestürmt und überwältigte das völlig überraschte Impalakitz nach einer ganz kurzen Verfolgungssjagd.
Handeln aus Instinkt oder als Folge von logischem Denken? Anscheinend hatte die Gepardin genau erkannt, daß eine Jagd an den fünf Zebras vorbei hoffnungslos war. Auch hatte sie völlig richtig gedacht, daß ein großer, langer und mühsamer Weg durch den Buschwald in dieser Situation die bessere Strategie war. Hier führte nicht die berühmte Schnelligkeit der Katze zum Erfolg, sondern ihre Intelligenz.
An diesem Tag, nach diesem Erlebnis waren wir beide sofort bereit zu unterschreiben, daß Geparde klug, intelligent und vorausschauend sind – in einer dem menschlichen Verhalten ähnlichen Weise.
Am nächsten Tag erbeutete die Gepardin wieder ein junges Impala und – ließ es tot liegen, weil nur hundert Meter entfernt eine kleine Impalagruppe vorbeizog, aus der sie nach einer Jagd von etwa 200 Metern ein weiteres Impalakitz schlug. Die Gepardin hatte also innerhalb von fünf Minuten zwei junge Impalas erbeutet, die jetzt nur 300 Meter voneinander entfernt tot in der Savanne lagen.
Die Gepardin lockte ihre Jungen zur zweiten Beute und die Gepardenfamilie begann zu fressen. Als die Gepardin die erste Beute verließ, um erneut zu jagen, sagte unser Fahrer – der schon seit über 10 Jahren in der Mara arbeitet – sofort, daß sie nachher nicht zu dieser Beute zurückkommen würde. Er behielt recht: Nachdem die Familie das zweite Impalakitz verzehrt hatte, zog sie weiter, ohne an das erste Impalakitz zu denken oder sich daran zu erinnern.

Gepardenportrait!
Jeder Gepard hat ein individuell geprägtes Gesicht, zu erkennen an dem unterschiedlich verlaufenden, schwarzen sogenannten Tränenstreifen zwischen dem Auge und dem Mundwinkel, den unterschiedlichen schwarzen Flecken des Fells, dem Gesichtsausdruck und der Schädelform.

Leica R6, Apo-Telyt 2.8 / 400, Fujichrome Velvia-50

Leica R6, Apo-Telyt 2.8 / 400, Fujichrome Velvia-50

Nikon F4, 4.0/300 mm, Fujichrome-100

Einen Tag später: Die Gepardin hatte eine ausgewachsene Thomsongazelle geschlagen, mußte sie aber sofort verlassen, weil Masaihirten mit einer Rinderherde vorbeizogen. Die Gepardin ging mit ihren Jungen in einen Wald, etwa 200 Meter von der Beute entfernt. Die Beute war für sie von dort aus nicht mehr sichtbar. Nachdem die Hirten mit der Herde weitergezogen waren, konnte Cheetah trotzdem nicht zur Beute zurückkehren, weil jetzt ein großer Trupp von etwa 50 Pavianen auf der Lichtung zwischen Wald und Beute nach Nahrung suchte. Insgesamt war der Weg zur Beute für Cheetah fast drei Stunden versperrt. Trotzdem kehrte sie sofort zu ihr zurück, als 'die Luft rein war'. Sie hatte also in diesem Fall die Beute auch nach drei Stunden noch nicht vergessen.

Warum handelte sie in unseren Augen einmal klug und souverän, einmal vergeßlich, um bei nächster Gelegenheit zäh auszuharren und nicht aufzugeben? Es zeigt, man sollte nicht versuchen, Gepardenverhalten durch Abgleich mit menschlichem Denken zu entschlüsseln.

Nur wenige Minuten nach Sonnenaufgang starten jeden Morgen Heißluftballons vom Governor's Camp aus zu einem lautlosen Flug über die Weiten der Savanne in der Masai Mara. Ein Gepard läßt sich davon nicht beeindrucken. △

Leica R6, Summilux, 1.4/80, Fujichrome Velvia-50

Nikon F4, 3.5 / 400 mm, Fujichrome Velvia-50

Die Gepardin schlich sich durch den Wald kommend an ihr Opfer an und überwältigte das fliehende, junge Impala nach etwa 100 Metern Verfolgungsjagd.

Die Gepardin liebt Beutetiere von dieser Größe: sie sind unerfahren, nicht so schnell, leicht umzureißen und die Gefahr selbst verletzt zu werden ist nicht so groß.

Nikon F4, 4.0 / 300 mm, Fujichrome Velvia-50

Nur eine trächtige Gepardin überlebte?

Man schätzt den Weltbestand an Geparde heute auf etwa 5.000 bis 25.000 Exemplare, davon leben vielleicht 500 - 700 im Mara-Serengeti-Ökosystem. Der amerikanische Zoologe Stephen O'Brien hat nun aus 55 afrikanischen Regionen Gepardenblut chemisch analysiert. Das Ergebnis war eine Sensation: alle Geparde – auch die aus den unterschiedlichsten Regionen – stellten sich als so nahe miteinander verwandt heraus, wie es sonst nur Labormäuse nach vielen Generationen Inzucht sind. Früher lebte der Gepard in Nordamerika, Europa, Asien und Afrika. Man deutet die Ergebnisse der Blutuntersuchungen so, daß es vor etwa 10.000 Jahren eine globale Katastrophe gegeben haben muß, der fast alle Geparde auf der ganzen Welt zum Opfer gefallen sind und nur ganz wenige in Afrika überlebten. Vielleicht sogar nur eine einzige trächtige Gepardin, die Urmutter aller heute noch lebenden. Nur so glauben Wissenschaftler, diese enge genetische Verwandtschaft bei den heute lebenden Geparden erklären zu können. Wie manche Forscher meinen, haben Individuen von jeder Art ungefähr 100.000 Gene und die meisten Tierarten eine genetische Veränderung von 30 - 50 % dieser Gene. In den Genen der Geparde sind die Veränderungen 10 bis 100 mal geringer als bei allen anderen Arten, sei es Maus oder Mensch. Diese nahe Verwandtschaft aller Geparde macht sie auch sehr anfällig für Seuchen. Viren, denen bei Katzenarten mit der üblichen genetischen Variationsbreite nur 1 - 5 Prozent der Tiere zum Opfer fallen, töten 50 - 60 % der Individuen bei Gepardenpopulationen. So starben zuletzt 1992 acht Geparde in der Masai Mara in ganz kurzer Zeit an einer Infektion;
ein großer Verlust für dieses Gebiet.

Leica R6, Apo-Telyt 2.8 / 400, Fujichrome Velvia-50

Bei heftigem Regen sucht die Gepardin Schutz im Windschatten eines Baumes oder Hügels. Das Kleine kuschelt sich eng an die Mutter und beide versuchen den Regen so erträglich zu machen, so gut es eben geht. ▷

Nikon F4, 4.0 / 300 mm, Fujichrome Velvia-50

Leica R6, Apo-Telyt 2.8 / 400, Fujichrome Velvia-50

Nikon F4, 3.5 / 400 mm, Fujichrome Velvia-50

Besonders dann, wenn von einem Wurf nur ein einziges Junges überlebt hat, ist die Beziehung zwischen Mutter und Kind sehr eng.

Obwohl der kleine Gepard schon kräftig bei Fleischmahlzeiten zulangt, versucht er doch, so oft wie möglich bei der Mutter zu saugen.

Leica R6,
Apo-Telyt 2,8/400,
Fujichrome Velvia-50

Nikon F4, 4.0/300 mm, Kodachrome-200

Ein tödlicher Fehler

Eines Morgens fanden wir eine Gepardin mit fünf Jungen, die etwa 2 - 3 Wochen alt waren. Sie lag mit den Kleinen in einem trockenen Graben, der sicher ein Bachbett war, das sich in und nach den Regenzeiten mit Wasser füllt. Der Platz war eigentlich recht geschickt gewählt: Im Graben waren die Jungen kaum für Feinde sichtbar; es gab in der Nähe Beute und es war eine Gegend ohne Löwen und Hyänen. Der tödliche Fehler war: Der Graben gehörte zum Revier eines Leoparden. Im Gegensatz zu Cheetah, die an sich offeneres Gelände bevorzugt, liebt der Leopard unübersichtliche Landschaften, mit Felsen, Bachläufen, bewaldeten Flußufern – schlicht alles, was Deckung gibt. Dieser Graben wurde von ihm regelmäßig benutzt, um ungesehen von seinem großen Rastbaum, in dem er hoch in der Spitze versteckt oft den Tag verbrachte, in sein Jagdrevier zu kommen. Als wir Cheetah mit ihren Jungen im Graben entdeckten, lag der Leopard vielleicht 500 Meter entfernt im gleichen Graben – und schlief. Anwesende Wissenschaftler blieben nun mit ihren Autos hier beim Leoparden stehen, um abzuwarten bis der Leopard aufwachte und fortzugehen beschloß. Würde er die Richtung zur Gepardenfamilie wählen, würde man ihn verjagen. Sollte er eine andere der verbleibenden drei Richtungen wählen, wäre die Gefahr vorerst vorbei. Er wählte eine andere ...

Drei Tage später standen wir wieder einmal bei dieser Gepardin mit ihren Jungen im Graben. Es war ein Bild des Friedens. Die Gepardin lag völlig entspannt im Graben, die fünf Jungen saugten – bis plötzlich die Gepardin wie vom Blitz getroffen aufsprang und davonrannte. 20 Meter weiter kam sie aus dem Graben heraus und – jagte einen Leoparden vor sich her. Die wilde Jagd ging um etliche Bäume und über freie Flächen und manchmal standen sie fast voreinander. Zwischen Angriffen, Scheinangriffen, lautem Jammern und Harnen der Gepardin beobachteten sich die beiden Katzen, etwa 300 Meter von der Kinderstube entfernt, aus vielleicht 20 - 50 Meter Entfernung rund eine Viertelstunde lang. Inzwischen kamen fünf Autos mit Touristen aus dem Governor's Camp und die Fahrer stellten sich mit ihren Fahrzeugen zwischen Gepard und Leopard und verhinderten so einen Sichtkontakt der beiden Katzen.

Durch die Autos veranlaßt, entfernte der Leopard sich schließlich. Ohne die Wagen vom Governor's Camp hätte der Leopard – unserem Gefühl nach – die Gepardin getötet.

Es war nur ein Aufschub: Vier Tage später fand man die Gepardin früh am Morgen schwer verletzt neben ihren totgebissenen Jungen liegen. Der Leopard hatte die Kleinen getötet und die Mutter tödlich verwundet. Ein von den Rangern aus Nairobi eingeflogener Tierarzt konnte nur noch eine durch Leopardenbiß zermalmte Schulter diagnostizieren. Zwei Tage später starb die Gepardin in der Rangerstation, wohin man sie für den Tierarzt gebracht hatte.

Wenn sechs Geparde gleichzeitig sterben, in einem Gebiet, wo es insgesamt nur drei Gepardinnen mit Jungen gibt, dann ist das sehr bitter. Der Gepard ist die schwächste größere Katzenart im Mara-Gebiet, mit zu vielen Feinden und er kann sich vielleicht nur halten, weil er von den Menschen – außerhalb des Reservates – unterstützt wird und eine Vorzugsbehandlung genießt. Die Jungen werden gegen Krankheiten geimpft, man versucht Feinde abzulenken und man hilft Cheetah bei Verletzungen, indem man sie mit dem Narkosegewehr bewußtlos schießt und dann verarztet. Darüber hinaus füttert man in schlechten Zeiten zu und schießt Wild für kleine Geparde, die ihre Mutter verloren haben und sonst umkommen würden.

Aber gegen Leoparden, die Geparde nachts töten, weil diese sich einen

ungünstigen Platz für die Kinderstube ausgesucht haben, dagegen kann man nicht viel machen. Man kann ja schlecht den Leoparden erschießen, damit Cheetah überlebt.

Im Serengeti Nationalpark, dem großen Teil des Mara-Serengeti-Ökosystems, sterben 90 % aller jungen Geparde, bevor sie drei Monate alt sind. Mehr als die Hälfte werden von Löwen, Hyänen, Schakalen und Greifvögeln getötet, wenn diese die jungen Geparde entdecken. Es ist leicht für die Feinde, junge Geparde zu töten, weil Mutter Cheetah die Jungen bis zu 48 Stunden alleine lassen muß, um selber Beute zu machen. Aber selbst wenn sie anwesend ist, hat sie mehreren Löwen oder Hyänen kaum etwas entgegenzusetzen.

Daher ist die Wahl des Platzes, wo sie ihren Kinderlagerplatz einrichtet, von großer Wichtigkeit. Es sollte möglichst eine Gegend sein, die Löwen und Hyänen meiden, aber andererseits eine möglichst wildreiche, was sich meistens ausschließt.

Daher halten sich Geparde oft lieber außerhalb des Mara-Reservates auf, im Gebiet, wo die Masai ihre Dörfer und Viehherden haben. Denn Löwen und Hyänen haben eine panische Angst vor den Masai und daher ist für Cheetah hier der Feinddruck nicht so groß wie im Reservat, wo unter dem Schutz des Gesetzes und der Ranger ihre Feinde oft sehr große Populationen aufbauen können.

Wenn die Kleinen zur Welt kommen, werden sie zwei bis drei Monate lang von der Mutter gesäugt; aber schon mit fünf bis sechs Wochen fressen sie auch frisches Fleisch zusätzlich.

Erst mit einem Jahr können sie selbständig Beute schlagen und mit etwa 18 Monaten sind sie voll ausgewachsen und erreichen körperlichen Erwachsenenstatus. Manchmal bleiben die Jungen noch einige Zeit zusammen, jagen gemeinsam und teilen die Beute. Junge Weibchen dagegen gehen eher eigene Wege und verlassen die Geschwister.

Hier belauern sich Leopard (im Vordergrund) und Gepardin. Die fünf kleinen Geparde liegen nur etwa 100 Meter entfernt in einem Graben. ◁ Nikon F4, 2.8/80-200 mm, Fujichrome-100

Ein drei Wochen altes Gepardenbaby, getötet von einem Leoparden (Bild unten rechts). In der Nacht hatte er fünf kleine Geparde totgebissen und die Gepardin tödlich verwundet (Bild oben). ▷

Nikon F4, 2.8 / 105 mm, Fujichrome Velvia-50

Zu einem dramatischen Zusammentreffen zwischen einem Leoparden und einer Gepardin kam es hier. Die Gepardin hatte in einem Graben, den der Leopard als „Straße" benutzte, fünf Junge zur Welt gebracht. Per Zufall wurden wir Zeuge dieses seltenen und für Geparde gelegentlich tödlichen Zusammentreffens. Diesmal noch konnte die Gepardin den Leoparden vertreiben. Wenngleich hier im Bild der Leopard die Gepardin verfolgt. ▽

EOS 1, 4.0 / 300 L, Kodachrome-200

Spielkamerad auf Zeit

Seit 6.00 Uhr kurven wir verzweifelt in der Savanne vor den Aitong-Bergen herum, um die Gepardin mit ihren vier Jungen wiederzufinden, die wir am Vorabend gegen 18.30 Uhr hier bei Dunkelheit verlassen haben. Es war wie verhext: Sie schienen vom Erdboden verschluckt zu sein. Dabei war es eine stockdunkle Nacht gewesen, wo Geparde sich eigentlich laut Literatur überhaupt nicht vom Fleck rühren dürften. Nach anderthalb Stunden intensiver Suche fanden wir die Familie endlich wieder. Überhaupt nicht weit von unserem Suchgebiet entfernt; aber in einer Senke nahe am Waldrand, wo man sie nur entdeckte, wenn man recht nahe an die Tiere herankam.

Nach unserer Ankunft spielte Cheetah für einige Minuten mit ihren Jungen, um sich dann auf einen Hügel zu legen. Die vier Kleinen benutzten diese Situation natürlich, um am Mutterhügel herumzujagen, zu springen, anzuschleichen, sich gegenseitig über den Haufen zu rennen, spielerisch zu beißen, sich umzustoßen, zu lecken und um übereinander herzuspringen. Es war ein wunderschöner Morgen für die vier kleinen Geparde und für uns beide mit unseren Kameras.

Es sollte ein sensationeller werden …

Um 8.00 Uhr hatte Cheetah plötzlich etwas erspäht. Die Gepardin stand auf, verschwand und kurze Zeit später sahen wir sie etwa einhundert Meter entfernt losjagen. Als wir mit dem Auto einige Sekunden danach dort ankamen, kam sie uns schon entgegen – ein kleines Impala als Beute im Maul tragend.

Die vier Jungen kamen quasi mit uns der Mutter entgegen und als die Familie auf einer mit kleinen Büschen bestandenen Fläche in der Nähe des Waldrandes ankam, legte Cheetah das erbeutete Impalakitz vor ihre Jungen auf den Boden und entfernte sich einige Meter. Einen Augenblick lang passierte überhaupt nichts, dann hob das Impalakitz langsam den Kopf und fiepte – es lebte …!

Wir waren elektrisiert, dies konnte der Anfang einer Anschauungsstunde in Jagdtechnik für die vier jungen Geparde sein. In der Literatur hatten wir zwar schon gelesen, daß Forscher, die viele Jahre in der Serengeti lebten und arbeiteten, dies ein- oder zweimal beobachtet hatten, aber das wir es in unserer dritten Woche in der Masai Mara sehen würden, das hatten wir nicht zu hoffen gewagt. Zuerst waren die Jungen etwas überrascht und standen unschlüssig um das

‚Trainieren zu töten' ist eine überlebenswichtige Schule für junge Geparde. Sie müssen das Verhalten ihrer Beute kennenlernen und wissen, wie das Beutetier am schnellsten erwürgt werden kann. Dieses Bild mit dem Kitz der Thomsongazellen ist tödlicher Ernst. Zwanzig Minuten nachdem es gefangen wurde, hat es die Gepardin getötet. ▷

EOS 1, 4.5/500 L, Fujichrome-100

Canon EOS 1, EF 4.0/300 L, Fujichrome Velvia-50

kleine Impala herum. Das stand auf, lief weg – und vier junge Geparde hinterher. In den nächsten zwei Stunden benutzten die kleinen Geparde das Impalakitz als Spielkamerad und Übungsobjekt, ohne das Mutter Cheetah eingriff. Sie war nur immer im Abstand von zwei bis zehn Metern da und paßte auf.
Die jungen Geparde stupsten das kleine Impala, bissen es, jagten es, versetzten ihm spielerisch Tatzenhiebe, um es umzuwerfen und manchmal standen oder lagen sie einfach friedlich daneben – ein Bild wie im Paradies.
Das kleine Impala stand sicher unter Schock und wußte nicht, was mit ihm geschah. Es versuchte immer wieder fortzulaufen, fiepte nach seiner Mutter – hatte aber überhaupt keine Chance. Manchmal wollte es sogar die alte Gepardin mit der Zunge am Kopf lecken, bekam dann aber einen Prankenhieb. Es war ein faszinierendes, grausames, aber für die Kleinen wohl unerhört wichtiges ‚Spiel'; denn wenn die jungen Geparde die Jagdtechnik nicht einüben würden, müßten sie sterben. Dieses Trainieren am lebenden Objekt ist sicher ein notwendiger Schritt auf dem Weg selbständig zu werden und sich später einmal selber versorgen zu können.
Um 10.00 Uhr, nach zwei Stunden Spiel- und Lernzeit mit dem kleinen Impala, tötete Mutter Cheetah das Kitz und alle fünf Geparde fraßen gemeinsam das Übungsobjekt auf.
In sechs Wochen haben wir dreimal miterlebt, daß eine Gepardin ihren Jungen lebende Beute als Übungsobjekt auf Zeit brachte. Zweimal war es eine kleine Thomsongazelle und einmal – wie hier geschildert – ein junges Impala. Diese Trainingsstunden scheinen also doch nicht so selten zu sein.

Um 8.00 Uhr am Morgen hat die Gepardin dieses kleine Impala erbeutet. Hier bringt sie das noch lebende Kitz zu ihren vier Jungen, die in den nächsten zwei Stunden mit ihm spielerisch üben werden. ▷

Nikon F4, 4.0 / 300 mm, Fujichrome-100

Zwei junge Geparde jagen spielerisch ein Impalakitz. Lernen für's Leben ist die Devise. ◁

Nikon F4, 4.0 / 300 mm, Kodachrome-25

Die Fotografie lügt nicht? Hier ein Bild des Friedens mit Geparden und Impala. In Wirklichkeit ist das Impalakitz ein Todeskandidat, der getötet und gefressen wird, nachdem er seinen Zweck als Übungsobjekt nach zwei Stunden erfüllt hat. ◁

Nikon F4, 3.5 / 400 mm, Kodachrome-25

Nikon F4, 4.0 / 300 mm, Fujichrome-100

Jugend

Nach der Kopulation ist die Gepardin etwa 90 Tage trächtig und wirft ihre Jungen meist gut getarnt in hoher Vegetation, einem Graben oder einer Höhle.

Die Jungen werden nackt und blind geboren. Nach einer Woche öffnen sie die Augen und nach etwa sechs bis acht Wochen haben sie einen wollig hellgrauen Pelz mit dichter, heller Nackenmähne. Meist sind es fünf bis sechs Junge in einem Wurf. In den ersten zwei Monaten sind die jungen Geparde völlig hilflos und es sind für sie die gefährlichsten. Die Bedrohung ihres Lebens durch Feinde besteht permanent. Da die Gepardin zwischendurch jagen muß, um selber bei Kräften zu bleiben, entfernt sie sich manchmal bis zu 48 Stunden von ihren Kindern.

In der Serengeti überlebten eine zeitlang nur etwa 10% der Jungtiere die ersten zwei Monate. Meist werden sie bei Abwesenheit der Mutter von Löwen, Leoparden, Hyänen und Greifvögeln entdeckt und sofort getötet. Aber selbst Marabus können ihnen gefährlich werden. Eine weitere, nicht zu unterschätzende Todesursache sind Unwetter mit starkem Regen und deutlicher Abkühlung. Die Kleinen können im Graben ertrinken oder an Unterkühlung sterben.

Die Gepardin selber ist während dieser Zeit hoch sensibel für jede Art der Störung. Hat sie auch nur den geringsten Anlaß zu Mißtrauen, wartet sie oft bis zum Einbruch der Dämmerung bis sie zu ihrem Wurf geht. Hat sie das Gefühl der Ort könnte nicht mehr sicher genug sein, trägt sie alle Jungen im Maul zu einem anderen Ort.

Die Hauptbeschäftigung der Jungen ist Trinken und Schlafen. Während der kurzen wachen Stunden krabbeln sie übereinander oder auf ihrer Mutter herum. Sie sind noch nicht in der Lage, koordiniert zu laufen, verlassen auch deshalb nicht die schützende Deckung.

Das ändert sich ab der achten Woche. Sie verlassen das sichere Versteck, folgen ihrer Mutter, sind aber jetzt für alle anderen Tiere sichtbar. Noch immer ist die Todesrate hoch. Wird im Extremfall einmal der gesamte Wurf getötet, wird die Gepardin innerhalb weniger Tage wieder hitzig.

Ringelreigen? Hier spielen vier junge Geparde mit einem Impalakitz. Ist das alte Kinderspiel 'Ringelreigen' vielleicht gar keine Erfindung des Menschengeistes – haben es eventuell die Geparde schon viele Millionen Jahre vor uns kreiert? ◁

Nikon F4, 4.0/300 mm, Fujichrome-100

Von Anfang an besitzen Geparde, ebenso wie unsere Hauskatzen, einen sehr ausgeprägten Spieltrieb, der sie ihre ganze Umgebung manchmal vergessen läßt. Sie schleichen einander an, kämpfen spielerisch miteinander und oft wird die Mutter mit in die Balgerei einbezogen. Ab dem dritten Monat ist kein Vogel, keine Eidechse und keine Heuschrecke mehr vor ihnen sicher. Alles wird auf die gleiche Weise erforscht: Erkennen – anschleichen – Sprung! – Frust! (Es geht immer daneben).

In diesem Alter ist auch das Erklettern von Bäumen kein Problem. Sie können ihre Krallen nicht zurückziehen und finden so in jedem Borkenriß Halt.

Im Alter von etwa fünf Monaten beginnen sie dann, größere Tiere mit in ihr Spiel einzubeziehen, wie etwa Schakale und Mungos. Manchmal treibt ihre Neugierde auch sehr seltsame Blüten – sie versuchen, mit Elefanten und Giraffen ihr Spiel zu treiben, die aber haben nur ein „Lächeln" für sie übrig.

Und die jungen Geparden üben und üben, aber selbst wenn sie über ein Jahr alt sind, können sie noch immer nicht selbständig jagen und Beute machen. Die Technik muß offensichtlich lange geübt und ausgefeilt werden.

Zwischen dem 14. und 20. Monat gestaltet sich das soziale Zusammenleben in der Familie immer problematischer. Die Mutter möchte ihre Kinder am liebsten loswerden und zeigt es ihnen auch. Oftmals bleiben dann speziell die jungen Männchen einer Familie zusammen und ziehen gemeinsam weiter, die jungen Weibchen bleiben noch länger bei der Mutter. Erst ab einem Alter von drei Jahren sind junge Geparde Selbstversorger und die Weibchen bekommen wieder Junge. Damit schließt sich der Kreis.

Für den jungen Gepard ist es eine Kleinigkeit, solche Bäume zu erklettern, denn seine Krallen sind noch spitz und sein Körpergewicht noch gering. Wenn sie in wenigen Monaten abgenutzt sind, wird er große Probleme bekommen, wenn er solche hohen Bäume aufsuchen will. ◁

Nikon F4, 2.8/80-200 mm, Fujichrome Velvia-50

„Wie will man sich vor einem solchen Regen schützen?" Gepardenfamilie in wolkenbruchartigem Regenschauer. ▷

Leica R6, Apo-Telyt 3.4/180, Fujichrome Velvia-50

Wenn die Familie gefressen hat, lecken sich alle gegenseitig die Blutspuren ab, damit das Fell später nicht verklebt. Auch nach Regen gibt es immer eine große, gegenseitige Leckerei. ◁◁

Nikon F4, 3.5 / 400 mm, Fujichrome Velvia-50

Eine Gepardenmutter ist – fast – immer aufmerksam. Ohne Beute sucht sie die Gegend nach Beute ab und am Riß hält sie Ausschau nach großen Raubtieren. Auf jeden Fall macht sie alle 1-2 Minuten einen Rundblick. ◁

Nikon F4, 2.8 / 80-200 mm, Fujichrome Velvia-50

Noch können die zwei jungen Geparde (sechs Monate alt) um den Baum tanzen und sogar auf ihn springen. Später, wenn das Körpergewicht zu- und der jugendliche Erforschungs- und Spieltrieb abnimmt, werden sie es wohl nicht mehr tun. ▷

Leica R6, Apo-Telyt, 2.8/280 mm, Fujichrome Velvia-50

Junge Geparde sind verspielt und neugierig wie alle Katzen. Hier beobachtet einer höchst interessiert einen Schwarm von fliegenden Safari-Ameisen. Man sieht ihm förmlich an, wie verwundert und fasziniert er ist.

Nikon F4, 4.0 / 300 mm, Fujichrome Velvia-50

Die menschliche Deutung ‚melancholisch' oder ‚philosophisch' projiziert Empfindungen in die Tierseele, die nur wir Menschen kennen.

Nikon F4, 3.5/400 mm, Fujichrome Velvia-50

Jugendzeit

Schon im Licht der ersten Sonnenstrahlen am frühen Morgen hält diese Gepardin mit ihren etwa drei Monate alten Jungen Ausschau nach Beute. Noch verhalten sich die Jungen ruhig, doch schon bald wird sie der Spieltrieb die Konzentration vergessen lassen.

Leica R6, Apo-Telyt 3.4 / 180, Fujichrome Velvia-50 ▷

Nikon F4, 4.0/300 mm, Fujichrome-100

Gepardenportrait!
Der Höhepunkt einer jeden Afrikasafari ist das Auge-in-Auge-Stehen mit einem Geparden. Es sind die beliebtesten großen Katzen Afrikas, und sie wurden schon im Mittelalter in Indien als Haus- und Jagdtiere gehalten. ▷

Leica R6, Apo-Telyt 2.8/400, Fujichrome Velvia-50

Bis etwa zum vierten Monat werden die jungen Geparden gesäugt. ◁

Leica R6.2, Apo-Telyt 2.8 / 400, Fujichrome Velvia-50

Mit 1000 Geparden auf die Beizjagd

Marco Polo berichtete, daß der Mongolenherrscher Kublai-Khan etwa 1000 Geparde für die Jagd hielt, etwa um 1200. Eine annähernd gleiche Zahl soll um 1500/1600 der Großmogul Akbar gehalten haben. Nun konnte man damals keine Geparde züchten (Auch heute gelingt es nur sehr selten). Sie mußten alle aus der freien Wildbahn entnommen werden. Um einen Bestand von 1000 Geparde zu halten, war eine permanente Auffrischung notwendig, um kranke,verletzte oder gestorbene Tiere zu ersetzen. Wenn man bedenkt, daß die riesige Serengeti gerade eben 500 Geparde zuläßt, dann kann man vielleicht ahnen, welch ein Raubbau damals am Gepardenbestand getrieben werden mußte, um solche Wahnsinnsbestände für Jagdzwecke zu ermöglichen. Man muß damals praktisch riesige Landstriche völlig leergefangen haben.

Zur Jagd wurde den Tieren die Augen mit einer Lederkappe verbunden, wie man sie auch bei Falken und Adlern für die Beizjagd benutzt. Dann brachte man sie in die Nähe des Wildes, wo man die Lederhaube abnahm und die Geparde auf das Wild losjagten. Während der Gepard dann die Beute festhielt, um sie zu ersticken, kam der Jäger und nahm sie ihm ab. Zur Belohnung bekam Cheetah einiges von den Innereien, die sie ja auch in Freiheit gerne frißt.

Österreichs Kaiser Leopold I machte mit den Geparden Rehjagden im Wienerwald. Arabische, armenische, abessinische und indische Fürsten jagten ebenso und auch Wilhelm der Eroberer war ein Freund der Jagd mit aus freier Wildbahn eingefangenen Geparden. Kein Wunder, daß riesige Gebiete von Geparden entleert wurden. Die älteste Spur dieser Art von Jagd führt zu den Summerern. Schon damals, 3000 v. Chr., war der Gepard ein unfreiwilliger Jagdbegleiter des Menschen. Der Gepard ist übrigens dem Menschen gegenüber nicht sehr aggressiv, daher wurde er oft als Haustier gehalten.

Während Löwen, Leoparden und Tiger schon viele Menschen getötet haben, ist aus den letzten 5000 Jahren kein Fall bekannt geworden, daß ein Gepard einen Menschen ernsthaft angegriffen und getötet hätte.

Gepardin mit erbeutetem Kitz einer Thomsongazelle. ◁

Leica R6, Apo-Telyt 2.8/400, Fujichrome Velvia-50

Nach einem wolkenbruchartigen Regen hat sich die Gepardin bereits erhoben. Ihr Junges, etwa zwei Monate alt, noch triefend naß, blickt erwartungsvoll zur Mutter hoch. Ein Blick, der mehr aussagt als viele Worte.

Leica R6, Apo-Telyt 2.8 / 400, Fujichrome Velvia-50

Jeder Gepard hat ein individuell gemustertes Fell, woran man die einzelnen Exemplare erkennen und unterscheiden kann. Dieses gemusterte Fell ist eine gute Tarnung in der offenen Savanne und ermöglicht es dem Geparden, sich relativ lange unentdeckt an seine Opfer heranzuschleichen. ▽

Nikon F4, 3.5 / 400 mm mit 2x Konverter, Fujichrome-100

Geparde ignorieren Safarifahrzeuge. Manchmal springen sie sogar auf die Kühlerhauben. Die etwa 30 Touristenautos, die pro Tag im Schnitt bei einer Gepardenfamilie auftauchen, sind vielleicht manchmal etwas lästig, aber keine ernsthafte Störung oder Beunruhigung.
In den sechs Wochen, in denen wir täglich fast zwölf Stunden bei den Geparden waren, haben wir keine wirkliche Beeinträchtigung durch Touristen beobachten können. Immer wenn die Gepardin eine Jagd abbrechen mußte, oder gar nicht erst beginnen konnte, dann war der Grund eine Störung durch Masai mit oder ohne Herden. Aus dem gleichen Anlaß mußte sie oft mit ihren Kindern auch bereits erlegte Beute verlassen, ohne daran gefressen zu haben. ▽

Nikon F4, 2.8 / 20 mm, Blitz, Fujichrome-100

Dicht an die Erde gepreßt, sucht ein kleiner Gepard Schutz vor einem starken Regenschauer. Wenige Minuten später wird er sich dicht an die Mutter schmiegen.

Leica R6, Apo-Telyt 2.8 / 280, Fujichrome-100

Die Jagd

Glutrot leuchtet das erste Morgenlicht über den Aitong-Bergen in der Masai Mara in Kenia. Noch bei Dunkelheit sind wir vom Mara Buffalo Camp aufgebrochen, um die Gepardenfamilie zu suchen, die wir am Abend vorher verließen, in der Hoffnung, sie in dem weichen rötlichen Licht zu sehen und vielleicht eine Jagd verfolgen zu können.
Nach kurzer Suche entdecken wir unsere Gepardin mit ihren zwei, etwa sechs Monate alten Jungen. Ein überwältigender Anblick bietet sich uns: vor der Kulisse des rötlich-gelben Himmels beobachtet die Familie sitzend die Savanne. Scherenschnittartig heben sich die Tiere gegen den Himmel ab. Ein typisch afrikanisches Bild voller Farben, Dramatik und Ästhetik. Nur wenige Minuten später schiebt sich die Sonne als gleißender Ball über die Horizontlinie und läßt an Landschaft und Tieren lange Schatten wachsen.
Je höher die Sonne steigt, desto größer scheint der Hunger der Geparde zu werden. Zeitweise verfällt die Gepardin in leichten Trab, immer nach Beute Ausschau haltend, läßt im Tempo wieder nach, entdeckt einen Termitenhügel, besteigt ihn und benutzt ihn als Aussichtspunkt. Die Landschaft ist offen. In der weiten Grassavanne äsen friedlich Zebras, Giraffen und Gazellen nebeneinander. Dem scharfen Blick der Gepardin bleibt keine ihrer Bewegungen verborgen.
Plötzlich durchzuckt es sie! Die Augen blicken in eine Richtung. Jeder Muskel wird angespannt, selbst eine Fliege am Ohr wird ignoriert. Die Gepardin wirkt äußerlich sehr ruhig, nur die Schwanzspitze zuckt erregt. Durch einen spezifischen Laut gibt sie ihren beiden Jungen zu erkennen, daß sie jagen will und sie zurückbleiben und sich ruhig verhalten sollen.
Sie hat ein junges Impalakitz neben seiner Mutter entdeckt. Langsam gleitet sie von dem Termitenhügel, ihre langen Beine leicht eingeknickt, pirscht sie auf ihre Beute zu. Das lange Gras der Savanne bietet ihr vorzügliche Deckung. Noch immer ist die Distanz zwischen Gepardin und Beute zu groß, um lossprinten zu können und noch haben die Impalas sie nicht entdeckt. Die ungeheure Anspannung ist fast greifbar – wird sie es schaffen?

**Die Beutetiere des Geparden leben keineswegs in ständiger Angst vor dieser Katze. In Situationen wie diesen, wo sie das Verhalten von Cheetah abschätzen können, gibt es keine Panik, allenfalls interessierte Aufmerksamkeit.
Der Gepard gibt durch sein Verhalten zu erkennen, daß er nicht jagen will, und die Gazellen vermögen dies durchaus zu erkennen und zu deuten.**

Nikon F4, 2.8 / 80-200 mm, Fujichrome-100

Von allen Fleischfressern haben die Geparde die vollendetste Anpassung an eine auf ständige Jagd angewiesene Lebensweise.
Hier jagt die Gepardin einen Hasen. Am linken Hinterlauf hatte sich ein mit Dornen besetzter Zweig festgesetzt. Er behinderte die Gepardin und riß die Haut immer weiter auf. Aus diesem Grund wurde sie mit dem Narkosegewehr betäubt, und ein aus Nairobi eingeflogener Tierarzt entfernte den dornigen Ast.
Man kann auf diesem, drei Wochen später aufgenommenen Bild (Seite 69) die Wunde noch deutlich sehen; sie schien die Gepardin aber nicht mehr zu behindern.

Nikon F4, 4.0/300 mm, Fujichrome-100 ◁◁

Höchste Konzentration erfordert das Anschleichen an eine Beute. Zentimeter für Zentimeter pirscht sich die Gepardin im Morgenlicht an eine Thomsongazelle heran.

Leica R6, Apo-Telyt 2.8/400, Fujichrome Velvia-50 ◁

Der Abstand ist bis auf etwa dreißig Meter geschrumpf. Ein letztes Mal taxiert sie ihre Chancen – dann plötzlich jagt sie los! Wie ein gelber Pfeil schießt sie, die Beine maximal gestreckt (mit einem Sprung kann sie bis zu sieben Meter überbrücken), durch das Gras, wobei ihr Rücken wie eine Stahlfeder fungiert.
Hier im Finale einer Jagd spielt sie ihre deutliche Überlegenheit, die Geschwindigkeit, voll aus. Sie fliegt förmlich auf das Ziel zu. Erst als es für das Opfer zu spät ist, wird sie entdeckt. Die Flucht des Kitzes ist nur noch eine Reflexreaktion. In vollem Lauf schlägt ihm die Gepardin die Dau-

Die große Stärke des Geparden ist seine Spurtgeschwindigkeit. Die Thomsongazelle wurde nach einer Distanz von etwa 150 Metern geschlagen. ◁

EOS 1, 4.5/500 L, Kodachrome-200

menkralle über die Flanke, und schlitzt ihm dabei das Fell wie mit einem Messer auf. Das Kitz verliert das Gleichgewicht, stürzt, überschlägt sich und verschwindet zusammen mit seinem Todfeind in einer Staubwolke. Als diese sich lichtet, ist die Jagd vorbei.
Die große Katze ist sofort über der Beute, packt sie mit den Zähnen am Hals und beginnt sie zu erwürgen. Diese Phase kann bis zu fünfzehn Minuten dauern. Währenddessen trägt sie die Beute ihren Jungen entgegen. Sie haben die Jagd von weitem beobachtet und eilen herbei. Im Schutze eines Busches, um vor den Blicken ihrer Feinde geschützt zu sein, läßt die Gepardin ihre Beute fallen und überläßt sie ihren hungrigen Jungen. Sie selber ist in den nächsten zehn

Minuten kaum in der Lage, sich an der Mahlzeit zu beteiligen, so erschöpft und ausgelaugt ist sie. Sie hechelt nach Luft. Dennoch durchschreitet sie die Umgebung in regelmäßigen Abständen und schaut, ob sich Feinde nähern. Die Jungen können indessen ungestört fressen.

An den etwa fünfzig Tagen in denen wir Geparde beobachtet haben, erlebten wir ungefähr achtzig Jagden. Oft fragten wir uns, ob es irgendeine Systematik gebe, nach der sie bei der Jagd vorgingen? Jeder von uns baute sich seine eigene Theorie auf, die jedoch selten länger als bis zur nächsten Jagdszene Bestand hatte.

So erzählten uns andere Fotografen, Wildhüter und Campmanager, daß Geparde niemals direkt nach einer erfolglosen Jagd sofort wieder starten würden; sie seien dann zu ausgelaugt, die Muskeln übersäuert und sie müßten mindestens zwanzig Minuten rasten.

Anfang September erlebten wir das genaue Gegenteil: eine Gepardin mit zwei fast erwachsenen Jungen startete am frühen Morgen den Versuch, einen in großer Entfernung (etwa 300 m) äsenden Impalabock zu schlagen – natürlich waren sie erfolglos! Hechelnd ließen sich alle drei Geparde ins Gras fallen. Aber nur fünf Minuten später sichteten sie in noch größerer Entfernung eine grasende Thomsongazelle – und begannen die Jagd erneut, trotz sehr langen Grases, das die Sicht stark behinderte. Die Jagd selber ging über eine Distanz, die wir den Geparden nicht mehr zugetraut hätte. Diesmal jedoch waren sie erfolgreich.

Im März verfolgten wir zwei Tage lang eine Gepardin mit zwei Jungen im Alter von etwa drei Monaten. Der Mutter gaben wir den Beinamen: „Die Träge".

Stundenlang standen wir in einiger Entfernung neben ihr. Sie und ihr Nachwuchs verschliefen oder verdösten die Morgenstunden, den Tag und am Abend zog sie über die Savanne, unterbrochen von einigen Jagdversuchen. Wir zählten acht, von denen aber nur zwei erfolgreich waren. Sie nutzte die Deckung schlecht, über- oder unterschätzte die Distanzen und brach meist schon ab, bevor es richtig los ging.

Im Gegensatz zu der „Trägen" erlebten wir eine Gepardin, die mit einem kleinen Jungen umherzog (wir nannten ihn „Piefke", er war immer zu netten Streichen aufgelegt und ein äußerst aufgeweckter Bursche. Seine drei Geschwister waren von einem Löwen getötet worden.)

Diese Gepardin war eine außergewöhnlich gute Jägerin. Fast 90 % aller Jagden verliefen erfolgreich. Sie hatte eine bewundernswerte Technik und es war eine Augenweide, ihr bei den Vorbereitungen und dem spannenden Finale zuzusehen. Wenn sie ihre Deckung verließ, war es um das Beutetier geschehen.

Etwa zwanzig Minuten Zeit ließ sich die Gepardin, bevor sie sich zur Jagd auf diese große Impalaherde entschloß. Kurz vor einer vermeintlichen Beute brach sie jedoch plötzlich die Jagd ab, da sie in der Nähe Tüpfelhyänen erblickt hatte. Die Hyänen hätten ihr die Beute unmittelbar nach dem Riß abgenommen. Wenn Sie genau hinschauen, werden Sie entdecken, daß ein kleiner Gepard aufmerksam die Aktionen seiner Mutter mit den Augen verfolgt. Dies ist nicht nur eine normale Jagd, sondern auch Anschauung für den Nachwuchs zum Überleben.

EOS 1, 4.5 / 500 mm L, Kodachrome-200

Das Jagdglück der Geparde scheint doch sehr individuell zu sein! Gepardinnen jagen meist alleine oder später, wenn die Jungen größer geworden sind, als Familienverbund. Oftmals werden aber auch Gruppen von bis zu vier männlichen Tieren angetroffen, die zusammen jagen. Bei ihnen ist die Furcht vor Beutetieren, die ihnen normalerweise zu stark sind und ihnen gefährlich werden könnten, stark minimiert. Es gibt Beobachtungen, nach denen eine Gepardengruppe ein erwachsenes Gnu, ein Zebra oder ein Topi aus einer Herde selektierte, einkreiste und dann vereint geschlagen hat. Diese Kämpfe sind meist von langer Dauer und verlaufen sehr dramatisch.

Während der Trockenzeit gibt es Monate, in denen der Tisch der Geparde nicht sehr reich gedeckt ist, kaum ein Gnu oder eine Gazelle durchstreift das Land. Es sind harte Zeiten für alle Beutegreifer. Geparde, die nördlich des Mara River leben, können den großen

Nikon F4, 4.0/300 mm, Fujichrome-400

jahreszeitlich bedingten Tierwanderungen nicht folgen, da sie den Fluß nicht zu durchqueren pflegen.
Sie begeben sich auf die mühsame Suche nach Insekten, Mäusen oder Hasen. Jedes kleine Gestrüpp, jede Bodenvertiefung und jeder größere Stein werden untersucht. Aus eigener Erfahrung wissen wir, daß die Hasen buchstäblich bis zur letzten Sekunde ihrer perfekten Tarnung vertrauen. Nur im alleräußersten Notfall, d.h. wenn man fast auf sie tritt, schießen sie, einem grauen Torpedo gleich, davon und versuchen, die nächstgelegene Erdhöhle zu erreichen. Oft haben selbst die Geparde bei dieser Taktik das Nachsehen. Aber selbst wenn die Jagd geglückt ist, reicht die kleine Beute kaum aus für eine gute Mahlzeit – erst recht nicht, wenn sie von Nahrungskonkurrenten bedrängt werden.

Der Moment zwischen Leben und Tod. Die Gepardin hat eine Thomsongazelle mit einem Prankenhieb umgeworfen und wird sie jetzt in dieser Staubwolke blitzschnell an der Kehle fassen und ersticken.

Nikon F4, 4.0 / 300 mm, Fujichrome-100 ◁

Die Gepardin hatte dieses junge Impala erbeutet, ließ es aber liegen, um 200 Meter entfernt erneut – und auch erfolgreich – auf die Jagd zu gehen. Man kann an diesem Opfer ‚sehr schön' sehen, mit welch' wuchtigem Prankenhieb die Gepardin ihre Beute umwirft und dabei das Fell förmlich aufschlitzt.

Nikon F4, 3.5 / 28-70 mm, Fujichrome-100 ▷

Wilde Katzenarten sind als perfekte Tötungsmaschinen beschrieben worden, weil sie manche Tiere erbeuten können, die ein Vielfaches des eigenen Körpergewichtes haben. ▷▷

Nikon F4, 4.0 / 300 mm, Fujichrome Velvia-50

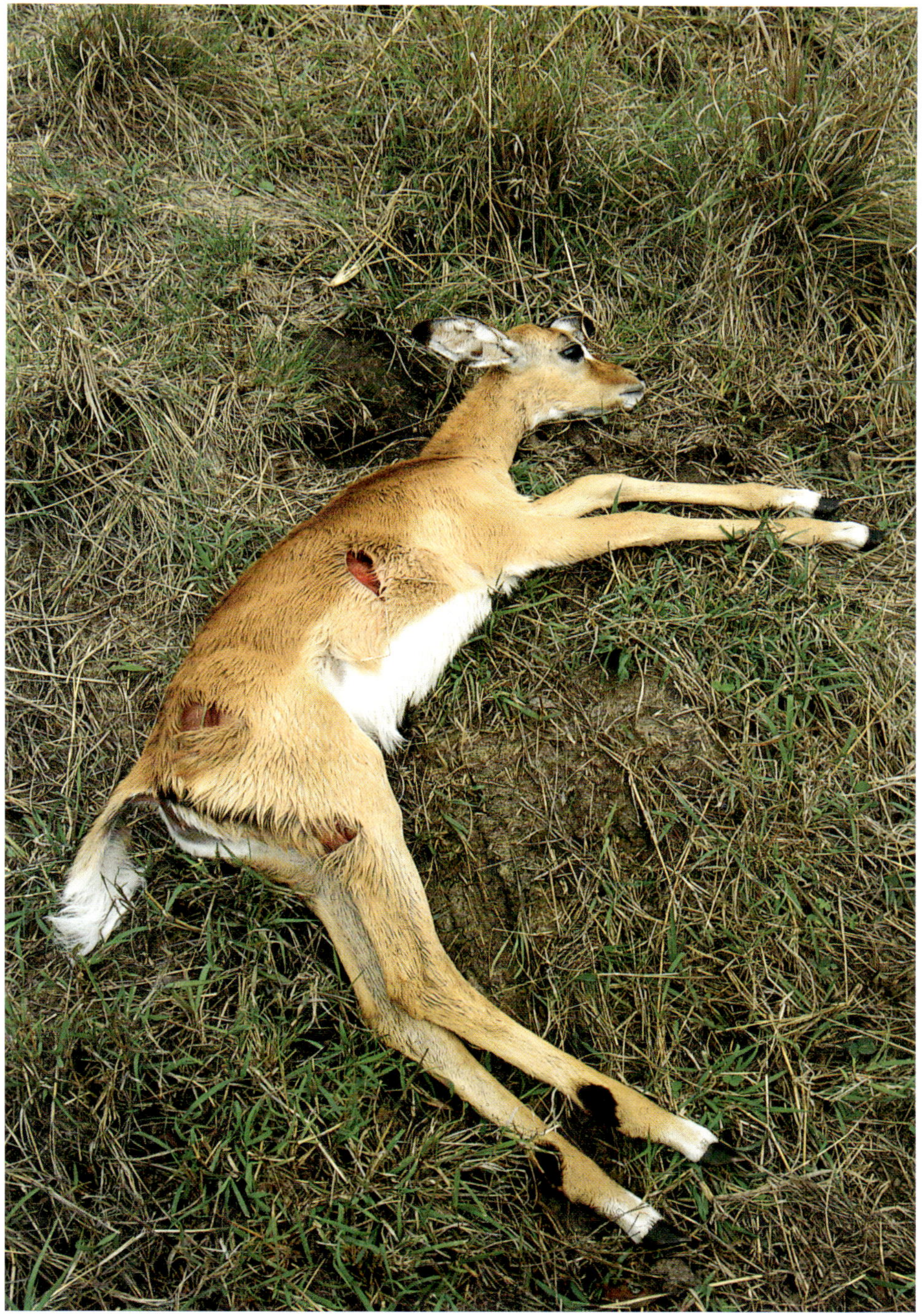

Außerhalb der Grenzen des Masai-Mara-Reservates bedeuten Masai und ihre Herden die größte Störung für Geparde. Auch wenn dieser kleine Gepard eher neugierig erscheint: zu oft haben wir zusehen müssen, daß Geparde eine Jagd abbrachen oder bereits erlegte Beute verlassen mußten, weil Masai – mit oder ohne Herde – zu nahe kamen. ◁

Nikon F4, 4.0 / 300 mm, Fujichrome-100

Wenn es am späten Nachmittag kühler wird in der Savanne, zieht die Gepardenfamilie zur Jagd, wobei die Jungen ihrer Mutter in größerem Abstand folgen; wenn die Gepardin sich setzt, gehen auch die Jungen in Wartestellung.
Das Suchen und Beobachten der Beute kann mehrere Stunden in Anspruch nehmen. ▷

Leica R6, Apo-Telyt 3.4 / 180, Fujichrome Velvia-50

Obwohl wir sechs Wochen lang, jeden Tag bis zu zwölf Stunden, Geparde beobachteten, wurden wir doch nur zweimal Zeuge einer Hasenjagd. Die Gepardin suchte jeden Grasbüschel ab, in dem sich ein Hase verstecken könnte. Die Jagd selber dauert nur Sekunden. Hier trägt die Gepardin einen noch lebenden Hasen, und ein junger Gepard versucht, mit ihm zu spielen. ▽

EOS 1, 4.0 / 300 L, Fuijichrome-100

Eine einzigartige Situation am Morgen in der Savanne! Völlig unbeeindruckt von der Beutevielfalt (Gnus und Thomsongazellen) „tritt" ein Gepard fast auf einen Hasen, der in panischer Angst vor dem überraschten Gepard flüchtet. △

Leica R6, Apo-Makro-Elmarit 2.8 / 100, Ektachrome-100

Krallen ähnlich einem Klappmesser

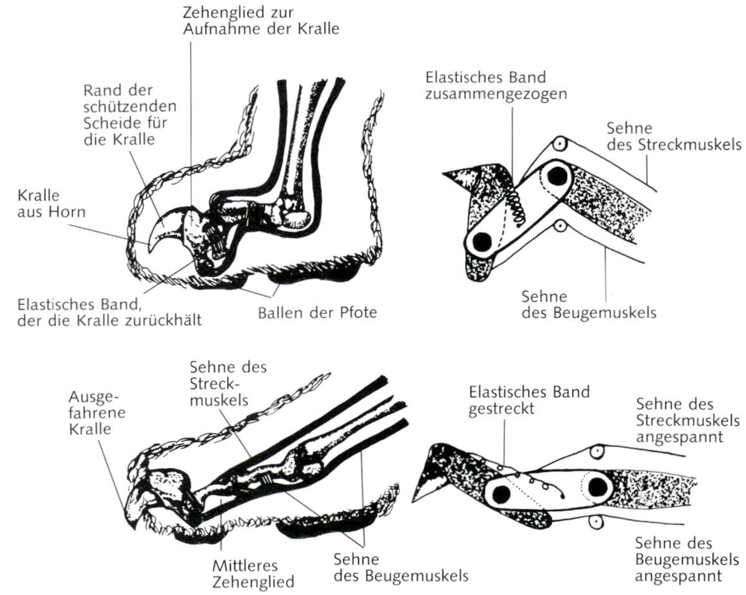

△ In der schematischen Darstellung erkennt man den Ausfahrmechanismus von Katzenkrallen. Im Ruhezustand (Abb. oben) sind die oberen und unteren Muskeln entspannt. Dadurch ist das elastische Band zusammengezogen und die Krallen werden zurückgehalten. Beim Schlagen der Beute werden dann die oberen und unteren Muskeln angespannt (Abb. unten), das elastische Band wird gestreckt, wodurch die Krallen aus ihrer schützenden Scheide herausfahren.
Viele Fleischfresser – alle Katzen eingeschlossen – haben ähnlich funktionierende, einziehbare Krallen. Fälschlicherweise wird häufig angenommen, Cheetah besitze keine einziehbaren Krallen. Aber bei dieser Katze fehlt lediglich die Scheide, welche die eingezogenen Krallen wie bei den anderen Katzenarten umhüllt.

Jeder Gepard hat ein eigenes Fellmuster, es ist individuell so unterschiedlich wie die Fingerabdrücke beim Menschen. Auch die Gesichter der Geparde sind unterschiedlich, mal breit oder schmal, und so kann man die einzelnen Tiere leicht auseinanderhalten, wenn man sich länger mit ihnen befaßt. ◁

Nikon F4, 3,5/400 mm, Fujichrome Velvia-50

Wenn ein Gepard gähnt, ist dies nicht unbedingt ein Zeichen für Müdigkeit. Es gehört vielmehr zum sogenannten Räkelsyndrom aus dem Funktionskreis des Komfortverhaltens.
Mit ihrem Gebiß könnten Geparde – wie viele kleinere Katzenarten – ihre Beute durchaus töten. Aber sie bevorzugen, geschlagene Tiere zu ersticken.
An diesem Verhalten erkennt man, daß Geparde vom typischen Verhalten der Katzen abweichen.

Nikon F4, 3.5 / 400 mm, Fujichrome Velvia-50

Urinierende Gepardin. △
Diese Art des Wasserlassens dient der Wiedererkennung eines Streifgebietes. Nur männliche Geparden markieren durch einen waagerechten Strahl oder durch Sprayen gegen feste Gegenstände ein Territorium.

Leica R6, Apo-Telyt 2.8 / 400, Fujichrome Velvia-50

Dicht an die Mutter gedrängt sucht ein kleiner Gepard Schutz vor dem heftigen Regen.
Vom Kopf der Mutter perlt das Wasser ab. ▷

Leica R6, Apo-Telyt 2.8/400, Fujichrome Velvia-50

Diese Impalamutter wollte ihr Kind aus den Händen eines Anubispavians befreien und wurde von ihm so gebissen, daß ihr ganzer Kopf blutet. Jetzt muß sie hilflos mitansehen, wie ihr Kind gefressen wird. Die Natur ist kein Paradies. Hätte der Pavian das kleine Impala nicht bekommen, dann wäre es vielleicht den Geparden zum Opfer gefallen. △

Nikon F4, 4.0 / 300 mm, Kodachrome-200

Wenn es am späten Nachmittag in der Savanne kühler wird, zieht die Gepardenfamilie zur Jagd, wobei die Jungen zunächst in größerem Abstand folgen, dann aber zur Mutter aufschließen und mit ihr zusammen nach Beute Ausschau halten. Das Suchen und Beobachten kann mehrere Stunden in Anspruch nehmen. ◁

Leica R6, Apo-Telyt 2.8 / 400, Fujichrome Velvia-50

Nahrungskonkurrenten und Feinde

Von diesen haben die Großkatzen mehr als genug. Die Geparde in der Serengeti kommen selten dazu, ihre Beute in Ruhe zu verspeisen. Sie werden von vielen Augen bei jeder Bewegung beobachtet. Für die meisten anderen Jäger reicht es schon aus, eine schnell laufende Gepardin zu sehen, um ihre Aufmerksamkeit wachzurufen, vernehmen sie aber den Todesschrei eines Tieres, ist es um ihre Zurückhaltung geschehen. So schnell sie können, machen sie sich auf den Weg, der Katze ihre Beute streitig zu machen. Unter Drohungen von beiden Seiten, aber nachgeben muß fast immer der Gepard; zumindest gegenüber Löwen, Leoparden und Tüpfelhyänen.

Diese Nahrungskonkurrenz, speziell zwischen Geparden und anderen Fleischfressern, nimmt für die Geparden z.T. existenzbedrohende Formen an. In den großen, weiten und einsamen Savannen der Serengeti fühlen sich auch die Löwen und Hyänen tagsüber sicher, weil es hier keine Masaihirten gibt, vor denen sie sich verstecken müssen und die Anzahl der Touristenautos ist verschwindend gering. Beobachtungen von Wissenschaftlern haben ergeben, daß die Geparde bei 80% ihrer Nahrungsaufnahmen von stärkeren Raubtieren gestört werden bzw. erst gar nicht zum Fressen kommen.

Es ist für ihre Gesundheit meist wichtiger, den riesigen Kraftaufwand und die Energie zu sparen, den sie für die Verteidigung der Beute aufbringen müßten.

Aber selbst im „Gepardenparadies" der Masai Mara haben die Geparde oftmals das Nachsehen. Wir wurden zweimal Zeugen dieser massiven Störungen durch natürliche Konkurrenz. Der Himmel ist grau verhangen und es regnet leicht. Eine Gepardin schlägt gerade zwischen dichtem Gestrüpp das Kitz einer Impalagazelle. Das Kitz zappelt noch zwischen den Fängen, sie setzt es für einen Moment ab, um es besser am Hals zu packen, als plötzlich ein Krachen in den Zweigen des nahen Waldes hörbar wird und etwas Schweres auf den Boden fällt. Ein großer, männlicher Anubispavian schießt entschlossen aus dem Wald auf die Gepardin zu, die vor Schreck ihre Beute fahren läßt. Kaum ist das Kitz befreit, ist die Impalamutter zur Stelle, um ihr Kind in Sicherheit zu bringen, doch schon ist der Pavian über dem Kleinen. Die Mutter

startet mit ihren Vorderhufen eine Attacke gegen den dunklen Affen. Der läßt für einen Moment von seiner Beute ab, schnellt hoch und beißt der Impalamutter kräftig in die Nase.
Dann greift er sich blitzschnell das jämmerlich um Hilfe blökende Kitz und verschwindet mit ihm im nächsten Baum, wo er es bei lebendigem Leib auffrißt.
Nachdem der erste Schreck verflogen ist, stehen Gepardin und Impala fassungslos in respektvoller Entfernung vom Baum entfernt. Die Gepardin trauert um ihre Beute, die Impalakuh um ihr Kitz.

Hier verzehrt der Anubispavian das kleine Impala, indem er einfach mit den Händen Fleischstücke aus dem Körper herausreißt. Mit solchem als Wildbeute bezeichnetem Nahrungserwerb haben auch unsere Vorfahren einen wichtigen Teil ihres Eiweißbedarfs gedeckt. ◁

Nikon F4, 3.5/400 mm, Kodachrome-200

Leopard und Gepard haben getrennte Jagdgebiete und Jagdzeiten. Wenn sie sich begegnen, zieht der Gepard den Kürzeren. Dies ist derselbe Leopard, der auf Seite 39 ‚unsere' Gepardin jagt. ▷

Nikon F4, 4.0/300 mm, Ektachrome-100 X

Geparde sind zwar große Katzen, aber die Schwächsten! Aufgrund ihres relativ schwachen Gebisses sind sie nicht in der Lage, sich mit tödlichen Bissen gegen Feinde zur Wehr zu setzen. Als sich dieser Gepardenfamilie zwei Hyänen nähern (Seite 90), faucht und droht die Gepardin für wenige Sekunden, sucht dann aber ihr Heil, zusammen mit ihren Jungen, in der Flucht. Meist vermeiden es Geparde, Hyänen dicht an sich herankommen zu lassen. Feindvermeidung lautet die defensive Lebensphilosophie der Geparde. Kampf – auch Verteidigung – kostet Kraft und Energie, manchmal sogar das Leben. ▷▷

Canon EOS 1, 4.5/500 L, Kodachrome-200

Hier kann man sehr schön sehen, warum dieses Tier Weißbartgnu heißt. ◁

Nikon F4, 3.5 / 400 mm, Fujichrome-100

Geparde sind schnell, wendig, aber nicht stark. Sie sind nicht in der Lage, ihre Beute mit Muskelkraft oder der Kraft ihrer Zähne, wie etwa Löwe, Leopard oder Hyäne, zu verteidigen. Sie müssen danach trachten, ihre geschlagene Beute sofort zu verstecken, um sie vor neugierigen Blicken zu schützen.

Ihre Hauptnahrungskonkurrenten sind meist auch ihre ärgsten Feinde. In der Jugendzeit sind mit wenigen Ausnahmen alle fleischfressenden Säugetiere und Beutegreifer potentielle Feinde. Erst wenn die Geparde schnell genug laufen können, ihre Freunde von den Feinden zu unterscheiden gelernt und viele lebensnotwendige Erfahrungen gemacht haben, erhöht sich ihre Lebenserwartung erheblich. Als Erwachsene müssen sie in erster Linie Leoparden und Löwen fürchten, die meist bei einem Zusammentreffen kein langes Federlesen machen. Als Feinde können aber auch Hyänenrudel und Wildhunde gelten, wobei letztere fast ausgestorben sind.

Ein unfreiwilliges Zusammentreffen zwischen einem Tüpfelhyänenrudel und einer Gepardenfamilie konnten wir im März beobachten:

Es ist einer dieser großartigen und farbenprächtigen afrikanischen Morgen. Wir beobachten seit kurzem eine Gepardin, die es offensichtlich auf ein Impalakitz abgesehen hat, das sich in einer vor uns weidenden Herde befindet. Die Gepardin nutzt jede Deckung, ist schon bis auf wenige Meter an die Herde herangepirscht, die noch immer nichts ahnt. Die Sonne kommt knapp über den Horizont und zieht über die rotbraunen Rücken der Impalas einen Lichtsaum – ein sehr ästhetisches Bild bei dem jedoch eine ungeheure Spannung in der Luft liegt.

Die Gepardin prescht plötzlich los! Was eben noch zum Träumen einlud, wird jetzt zu einem Meer aus Beinen, Köpfen und Staub, einer Stampede!

Plötzlich bricht die Gepardin ab, fast unmittelbar vor dem Ziel. Der Grund ist schnell ausgemacht; eine Gruppe Tüpfelhyänen lag, für die Gepardin vorher nicht sichtbar, hinter der Impalaherde. Die Hyänen vermuten Beute und ziehen auf die Gepardin zu, diese ruft ihre hinter einem Busch verborgenen Jungen, um nicht mit den Hyänen zusammenzutreffen.

Bis auf Nasenlänge stehen sie sich dann plötzlich gegenüber. Die Gepardin ist sehr aufgeregt und gibt Rufe ab, wohl um die Jungen zu warnen. Doch es bleibt alles ruhig – es hätte aber auch das Ende der Gepardenfamilie bedeuten können.

Löwen, Leoparde und Tüpfelhyänen sind die Hauptfeinde des Geparden.

Nachbarn

Das Reich des Geparden birgt jedoch nicht nur Gefahren, Tod und Frust. Wie bei uns Menschen wird auch das Leben der Geparde zum größten Teil von der Umwelt, in der sie wohnen, und natürlich von den Nachbarn bestimmt.

Getreu nach dem Motto, die besten Nachbarn sind die, die man nicht bemerkt, versucht auch der Gepard zu leben.

Die überaus friedliche Begegnung mit seinem zweibeinigen „Gast"-Nachbarn, dem Menschen, findet allmorgendlich bei Sonnenaufgang statt. Dann steigen von den Camps Heißluftballons auf, die langsam über die Baumwipfel emporsteigen und lautlos in den weiten Himmel über die Savanne gleiten, um sich später am Horizont zu verlieren. Nur manchmal ist das Zischen der Stichflamme zu hören, die den Ballon mit heißer Luft versorgt, um ihn am Himmel zu halten. Die Ballonfahrt ist wohl das Eindrucksvollste und Erlebnisreichste, um das Land kennen zu lernen.

Von hier oben aus schweift der Blick von Horizont zu Horizont, überspannt von einem tiefblauen Himmel mit weißen Wölkchen. Unten, sich im Wind wiegendes, gelbes Gras, durchsetzt mit einigen Bachläufen und Feuchtstellen, bewachsen mit üppiger Vegetation.

Gnus und Zebras ziehen wie dunkel schattierte Perlenschnüre ihrer Wege, immer auf der Suche nach neuen Weidegründen, gefolgt von Impala und Thomsongazellen. Um die Wasserlöcher versammeln sich die

Eine häufige Vergesellschaftung: Zebra und Rotschnabel-Madenhacker. ◁

Nikon F4, 3.5 / 400 mm mit 2x Konverter, Fujichrome Velvia-50 massigen Kaffernbüffel, um sich im Schlamm zu suhlen. Sie sind die wohl unberechenbarsten und gefährlichsten Tiere der Savanne. Durch sie sterben mehr Menschen als durch alle Großkatzen zusammen.

Giraffen sind durch ihre perfekte Tarnfarbe von oben fast unsichtbar, Elefanten hingegen können über viele Kilometer hinweg ausgemacht werden.

Am Ende der Fahrt überqueren wir den Marafluß mit seinen unzähligen „Hippo Pools". Es sind Stellen, an denen das Wasser tiefer ist und ruhiger fließt. Hier fühlen sich die unwirklichen Nilpferde wohl. Nur nachts trauen sie sich an Land, um zu äsen.

Der Marafluß selber ist ein Lebensspender und ein Mörder zugleich. Nilpferde leben in ihm, Affen, Gazellen, Gnus und Elefanten trinken aus ihm, aber der Fluß kann tödlich sein.

Balzende Schwarzbauchtrappe. ◁

Leica R6, 2.8 / 400 mm, Fujichrome Velvia-50

Gefährliches Leben am Fluß! Diese Thomsongazelle wollte den Mara-River überqueren, und wurde dabei von einem Krokodil erbeutet.

Nikon F4, 2.8/300 mm, Fujichrome-100

Jedes Tier, das sich in seinem Wasser Abkühlung erhofft, muß damit rechnen, von riesigen Krokodilen unter Wasser gezogen, ertränkt und dann zerrissen zu werden. An einigen Uferbänken zählten wir bis zu sieben dieser aus grauer Vorzeit stammenden Tiere, die mit offenem zähnegespickten Maul in der Sonne dösten oder im Wasser auf Opfer warteten.
In der unmittelbaren Nachbarschaft unserer Geparde leben und wohnen auch sehr viele verschiedene Vögel.
In den Wintermonaten können Geparde beobachtet werden, die zwischen den europäischen Weiß- und Schwarzstörchen durchmarschieren, von Bäumen aus halten Adler, Geier und Falken Ausschau nach Beute. Aber den Reiz der Vogelwelt machen hier die kleineren gefiederten Freunde aus, wie die verschiedenen Eisvögel, die wie bunte Farbtupfer auf grünen Halmen über dem Wasser sitzen, oder die blaugrün schimmernde Gabelracke, die sehr häufig anzutreffen ist.
An weit ausladenden Zweigen hoch über dem Fluß bauten in großen Kolonien mehrere Webervogelarten ihre Nester.

Flußpferd in einem Tümpel mitten im Reich der Geparde. ▷

Nikon F4, 3.5 / 400 mm mit 2x Konverter, Fujichrome-100

Masai Mara – erfüllte Sehnsucht nach dem Paradies?

Wir waren wie verzaubert von der Mara-Landschaft und tief bewegt bei unserer ersten Begegnung mit Geparden. Vielleicht ist dies ein Teil wehmütiger Erinnerungen an die frühere Heimat und einen alten Nachbarn? Die offene, mit wenigen Bäumen durchsetzte Savanna der Mara als Wiege der Menschheit – mit Geparden in der Nachbarschaft?

Die Masai Mara liegt etwa 1.500 Meter über dem Meeresspiegel im Hochland Ostafrikas. Da, wo vor etwa 12.000 Generationen unsere Art ihren Ursprung genommen hat. Vielleicht deshalb haben fast alle Menschen eine unstillbare Sehnsucht nach dieser Landschaft mit ihren Tieren und vielleicht deshalb nennen wir die Afrikanische Hochebene den Garten Eden? Was wäre der Garten Eden ohne Geparde? Ostafrikas Savannen wären ohne sie von einer schmerzhaften Leere und würden ein Gefühl unendlicher Traurigkeit aufkommen lassen. Die Erinnerung an diese Landschaft scheint tief verankert zu sein. Wir können uns in der Regel nicht aussuchen, wo wir leben möchten. Aber wenn wir es können, wie etwa bei der ersten Besiedlung durch Weiße in Nordamerika, dann haben wir immer zuerst die savannenähnlichen Parklandschaften gewählt. Anscheinend ist dies für uns der Garten Eden – nur leider waren in Nordamerika die Geparde schon 10.000 Jahre ausgestorben als Kolumbus kam.

Das Masai Mara-Reservat mit seinem angenehmen Klima hat etwa 1.600 qkm und das gesamte Mara-Serengeti-Ökosystem etwa 15.000 qkm, mit geschätzten 3.000 Hyänen, 2.000 Löwen, 1.000 Leoparden, 600 Geparden und 50 Wildhunden. Etwa 50 - 100 Ex. der Gepardengesamtpopulation leben im Gebiet des Mara-Reservates und auf dem umlie-

Mittags ruht die Gepardenfamilie gerne im Schatten von Bäumen oder Sträuchern. ◁

Nikon F4, 3.5 / 28-70 mm, Fujichrome-100

Hier hat die Gepardin ein Beutetier entdeckt – aber auch die Jungen haben es gesehen. ◁

Nikon F4, 2.8 / 80-200 mm, Fujichrome Velvia-50

Nikon F4, 2.8 / 105 mm, Fujichrome Velvia-50

genden Weideland der Masai. Wobei uns nicht ganz klar ist, ob die Geparde lieber im Reservat leben oder auf den Weiden der Masai. Die Auskünfte sind widersprüchlich. Manche der dort seit 10 oder 20 Jahren lebenden Safarifahrer sagen, daß ein Gepard nicht wieder auf die Masai-Weidelandschaft zurückkommt, wenn er einmal im Reservat ist. Andere sagen, daß sich die Geparde lieber außerhalb des Reservates aufhalten. Für beide Standpunkte gibt es gute Argumente. Im Reservat werden die Geparde nicht durch die Masai und ihre Herden gestört, haben dafür aber einen viel größeren Feinddruck durch Löwen und Hyänen. Außerhalb werden sie oft durch Masai gestört, dafür wesentlich weniger durch Löwen und Hyänen, weil die Masai diese nicht gerne in der Nähe ihrer Herden und Dörfer dulden. Löwen, die trotzdem im Gebiet der Masaiweiden leben, verkriechen sich tagsüber in dichten Büschen und sind daher keine so große Konkurrenz und Gefahr.

Touristenfahrzeuge gibt es im und um das Reservat in gleicher Zahl, so daß diese keinen Einfluß auf das Verhalten der Geparde bei der Wahl des Gebietes haben können.

Ruhmes-Lilie und Feuerball-Lilie. Beide Blumen sind Charakterpflanzen im Lebensraum ostafrikanischer Geparde. ▽▷

Leica R6, 2.8/100 mm, Fujichrome Velvia-50

Die Masai kamen als Nomadenvolk vor etwa 200 Jahren in die Mara und leben hier mit den Geparden in relativ friedlicher Koexistenz, weil Geparde nie – wie andere große Katzen – als Viehräuber in Erscheinung treten und daher von den Masai immer als Teil der Landschaft geduldet wurden.

Die Masai Mara als nördlicher Teil der Serengeti ist eines der schönsten Tierschutzgebiete Ostafrikas und sicher auch eines der letzten Tierparadiese auf dieser Erde, wo der Besucher noch mit ziemlicher Sicherheit Geparde, Löwen und Leoparden sehen kann. Wenn sich die 1,6 Millionen Weißbartgnus mit anderen Tieren zu riesigen Wanderherden zusammenschließen und in die Masai Mara einströmen, dann sind dies Bilder, Eindrücke und Erlebnisse, die unbeschreiblich sind.

Störungen und Zukunft

Wir haben sechs Wochen lang jeden Tag von Sonnenaufgang bis Sonnenuntergang mit unserem Auto bei den Geparden gestanden; immer im Abstand von 20 bis 100 Metern und diese wundervollen Tiere permanent beobachtet.

In der ganzen Zeit haben wir nicht entdecken können, daß Touristenfahrzeuge eine ernsthafte Störung für die Geparde bedeuten würden. In der Regel kümmern sich Geparde überhaupt nicht um die lauten und stinkenden Landrover, besetzt mit fünf bis sieben Touristen. Geparde behandeln solche Fahrzeuge wie Luft – sie schauen praktisch wie ins Leere durch sie hindurch. Auch scheinen diese Fahrzeuge die Sicht der Geparde nicht ernsthaft zu behindern, weil die Fahrer sich in der Regel immer auf eine Seite der Geparde stellen, erstens, um die Sonne im Rücken zu haben und zweitens, weil die Touristen in den Fahrzeugen mit ihren relativ kurzbrennweitigen Objektiven sich sonst gegenseitig fotografieren würden. Das haben die Fahrer begriffen. Manchmal, wenn die Gepardenfamilie von zehn bis zwanzig Safarifahrzeugen belagert wird, wird es ihnen nach zehn bis fünfzehn Minuten zu viel und sie ziehen in den Schatten eines Baumes der 20 - 30 m entfernt steht. Was soll's? Es war vielleicht auch ein Generationsproblem, bis die Geparde der Mara diese Toleranz den Fahrzeugen gegenüber entwickelten. Die kleinen Geparde werden heute praktisch vom Tag der Geburt an damit groß, daß zweimal am Tag große, grüne Blechdosen auftauchen, die stinken – und auf deren Dach merkwürdig schnatternde Geräusche ertönen. Diese Geräusche werden von komischem Kichern und Lachen unterbrochen, was aber alles für Geparde völlig harmlos ist. Die grünen Blechdosen kann man zwar nicht fressen, sie eignen sich aber in der Jugendzeit herrlich zum Spielen. Man kann drum herum und drunter tollen und Jagen spielen; man kann auf die Kühlerhauben springen, die so schön warm sind in der Abendkühle, man kann in die Zwischenräume zwischen Rad und Karosserie kriechen und sich lang auf die Reifen legen und man kann an den Schmutzfängern hinter den Rädern herrlich knabbern und dagegenschlagen, bis sie hin- und herwippen. Auch ist es eine Mär, daß Geparde durch Touristen bei der Jagd behindert werden. Uns scheint, daß die Touristen eher eine Hilfe bei der Jagd sind, weil die Beutetiere durch die Fahr-

Wenn sich Masai nähern, alleine oder mit ihren Herden, dann drückt sich die Gepardin tief an den Boden und verschmilzt – aus einiger Entfernung betrachtet – völlig mit der sie umgebenden Landschaft. ◁

Nikon F4, 2.8 / 80-200 mm, Fujichrome-100

Geparde lieben die offene Savanne, weil sie dort weit sehen können. Gerne benutzen sie erhöhte Rastplätze wie kleine Hügel, von wo aus sie die Beute ebenso wie herannahende Feinde schon aus großer Entfernung erkennen. ◁

Nikon F4, 3.5 / 400 mm, Fujichrome Velvia-50

zeuge von Cheetah abgelenkt werden und diese mehr in die Richtung der Fahrzeuge blicken als zur Gepardin hin. Auch haben sich manche Geparde angewöhnt, die Landrover und Kleinbusse in ihre Jagdstrategie einzubauen und sich im Schutz der Fahrzeuge an das Wild anzuschleichen.

Es scheint eher ein ästhetisches Problem zu sein. Zehn Fahrzeuge, die einen Geparden umringen, scheinen konträr zu unserer Vorstellung vom ungestörten Paradies der Tiere zu sein. Vor allem die Touristen, welche frisch die ersten Tage in der Mara sind, sind schockiert, wenn sie eine Gepardin mit drei Jungen von zehn Fahrzeugen umringt in der herrlichen Savanne liegen sehen und halten das für eine schlimme Störung. Ebenso geht es Journalisten, die in der Regel nicht auf eigene Rechnung in die Mara kommen, sondern von einem Veranstalter auf eine Kurzsafari eingeladen werden, dann natürlich mit den anderen Touristen zusammen für zehn Minuten in diesem Fahrzeugpulk vor der Cheetah-Familie stehen und den gleichen entsetzlichen Ersteindruck mit nach Hause nehmen.

Weil sie ja kritisch berichten müssen, damit nicht der Eindruck entsteht, sie hätten sich durch die geschenkte Safari vom Veranstalter kaufen oder in ihrem Urteil beeinflussen lassen, schreiben sie dann später zu Hause hinter der Schreibmaschine, was für eine Störung es doch für die Geparde bedeutet, von Touristenscharen umzingelt und an der Jagd gehindert zu werden. Solche Sätze kann man in fast jedem Bericht eines dieser Kurzzeitjournalisten lesen. Die Realität sieht ganz anders aus: Wir beide sind morgens um 6.00 Uhr bei ‚unseren' Geparden. Wenn wir ankommen, liegen sie meistens noch zusammengerollt und aneinandergeschmiegt im Nachtlager. Irgendwann stehen sie dann auf, recken sich und die Jungen fangen an zu spielen und herumzutollen. Meistens gegen 8.00 Uhr – nach dem Frühstück und je nach dem, wie weit das Camp vom heutigen Rastplatz der Geparde entfernt liegt, kommen so von drei oder vier Touristenunterkünften jeweils bis zu

In den Mittagsstunden jagt die Gepardin nur höchst selten. Meistens sucht die Familie einen schattigen Baum auf und hält unter diesem Siesta. △

Nikon F4, 3.5 / 400 mm, Fujichrome Velvia-50

sieben Fahrzeuge aus allen Himmelsrichtungen angefahren. Die Fahrer wissen natürlich vom Vortage in etwa, wo die Gepardenfamilie liegt und beziehen diesen Lagerplatz in ihre Fahrtroute für den Tag mit ein. Diese zehn bis zwanzig Fahrzeuge stehen dann so etwa fünf bis zwanzig Minuten bei der Gepardenfamilie, um Fotos zu machen und zu beobachten. Dann haben die Touristen genug gesehen und fotografiert und es geht weiter auf der Suche nach Löwen, Elefanten und was es sonst noch alles zu sehen gibt. Bei der Gepardenfamilie kehrt jetzt wieder Ruhe ein, bis zwischen 16.00 und 17.00 Uhr die Nachmittagssafari kommt und wieder für einige Minuten anhält. Diese beiden Visiten der Touristenkarawane verkraften die Geparde locker. Was sie wirklich – außerhalb des Reservates – stört, sind die zu Fuß wandernden Masai mit ihren Herden, oder auch die oft einzeln oder in kleinen Gruppen durch die Savanne ziehenden Masai. Fast an jedem Tag in den sechs Wochen, in denen wir die Geparden beobachtet haben, mußten sie einmal pro Tag ihre Beute verlassen oder eine Jagd abbrechen, weil Masai auftauchten. Wir haben nie gesehen, daß sie wegen Touristen Beute verlassen haben oder eine Jagd abbrechen mußten.

Trotzdem bleiben die Geparde, vielleicht weil es ihnen lieber ist, außerhalb des Reservates von Masai gestört zu werden, als im Reservat dem größeren Konkurrenzdruck von Löwen und Hyänen ausgesetzt zu sein. Vielleicht – dies ist natürlich Spekulation.

Ohne Hilfe werden sich die Geparde in der Mara für die Zukunft vielleicht nicht halten können. Zu viele Masai, zu viele Löwen, zu viele Hyänen und eine sehr angewachsene Leopardenpopulation machen Cheetah das Leben schwer.

Werden sich Geparde an den Grenzen des Masai Mara-Reservates auf die Dauer gegen eine immer dichter werdende menschliche Besiedlung halten können? Das kann ihnen nur gelingen, wenn ihnen ausreichende Mengen an Beutetieren zur Verfügung stehen. Bestandsdichten richten sich – auch bei Geparden – nach der Verfügbarkeit der Ressourcen von Nahrung, Tränke, Lebensraum und der Störungsfreiheit der artgemäßen Lebensabläufe. Nahrungskonkurrenten oder Freßfeinde, die im Inneren des Reservates häufiger sind, bedrohen das Überleben des Geparden keinesfalls.

Freilich kann es sein, daß die Besiedlungsdichte der Geparde zurückgeht. Dann wird es mühsamer, von ihnen gute Fotos zu schießen. Aber die Natur soll um ihrer selbst willen erhalten werden. Regulierungen der Feinde, Impfungen, Zufüttern bei Nahrungsknappheit durch Schießen von Wild für hungernde oder junge Geparde, die noch nicht selbst jagen können und deren

So ein toter Baum ist herrlich zum Spielen und Üben geeignet. Es sieht aus, als wäre er aus ‚pädagogischen Gründen', wie auf einem Schulhof, hier hingelegt worden. ◁

Nikon F4, 3.5 / 400 mm, Fujichrome-100

Im Körperkontakt mit der Mutter fühlt sich der kleine Gepard sicher und wohl. ▽

Nikon F4, 3.5 / 400 mm, Fujichrome-100

Mutter gestorben ist, sind Möglichkeiten, hohe Dichten von leicht zugänglichen Gepardenbeständen zu erhalten. Die Idee, wir könnten in Schutzgebieten und Nationalparks sowie deren Umgebung die Natur sich selbst überlassen, setzt auf biologisches Wissen gestütztes Vertrauen in natürliche Regulationsvorgänge voraus. Diese Zuversicht fehlt den Menschen, dem es viel näherliegt, als Macher einzugreifen, statt geduldig die Regeneration abzuwarten.
Die sogenannten ‚guten alten Zeiten', wo wir in der Natur aus dem Vollen schöpfen konnten, sind lange vorbei (Wir konnten es damals eigentlich auch nicht. Es ist einfach getan worden aus Unkenntnis, Habgier oder Egoismus).
Heute wird man sicher bei Überprüfungen nicht mehr feststellen können, daß Importeure 3.168 Häute von Geparden, 23.347 von Jaguaren, 17.490 von Leoparden und 262.030 von Ozelots in die USA eingeführt haben. Der Handel mit Geparden und ihren Fellen ist inzwischen durch die CITES (Convention on International Trade in Endangered Species of Fauna and Flora) international verboten.
Ob Cheetah eine Zukunft in der Masai-Mara hat, wird von der politischen Langzeitentwicklung abhängen und vom weiteren Bevölkerungswachstum in Kenia (mit das höchste in der ganzen Welt); vor allem aber auch davon, ob die vielen Millionen Dollar Einnahme aus dem Tourismus im Mara-Gebiet ausreichend Gegendruck machen können, um eine Umwandlung in Ackerland langfristig zu verhindern. So lange es das Gebiet und das Reservat gibt, hat Cheetah – mit leichter Hilfe durch den Menschen – gute Chancen, hier zu überleben.
Wilde Katzen sind mit die größte Attraktion der Nationalparks und Schutzgebiete in Ostafrika. Untersuchungen haben ergeben, daß die Besucher 30 % ihrer Zeit in den

Beute wird gerne unter einen Busch getragen, damit die Feinde sie nicht so leicht entdecken können.

Nikon F4, 2.8/80-200 mm, Fujichrome Velvia-50

Ein großes und beliebtes Touristenabenteuer in der Masai Mara sind Heißluftballonflüge über die Savanne. Es ist ein modernes und nicht sonderlich störendes Vergnügen. Manchmal starten alleine vom Governor's Camp aus drei Ballone am Morgen. Wenn man im Schnitt mit zehn Starts pro Tag in der Mara rechnet, wobei jeder der 80 Teilnehmer etwa 500,– DM zahlt, dann bringen diese Ballonflüge der Touristikindustrie der Mara alleine ein Zubrot von rund 15 Millionen DM im Jahr.
Was die 2000 Hotelbetten in der Mara, verteilt auf etwa 15 Hotels, Lodges und Zeltcamps, einbringen, wollen wir gar nicht erst ausrechnen. Es ist auf jeden Fall ein Riesengeschäft und die einzige Chance und Sicherheit, daß die Mara als Tierreservat überlebt und daß die Geparde hier eine Zukunftschance haben.
Nur viel Tourismus mit riesigen Einnahmen wird die Geparde und das Gebiet – vielleicht – retten. Naturschutz und Reservate sind fragile Schöpfungen, die einen wirklichen Druck durch Bevölkerungsexplosion oder politische Schwenks mit Sicherheit nicht aushalten werden, wenn nicht machtvolle Wirtschaftsinteressen für einen Erhalt des Reservats dahinter stehen. ▷

Nikon F4, 2.8 / 105 mm, Fujichrome Velvia-50

Lebensbilder aus dem Reich der Geparde:
Drei Kleine saugen ...
Die Mutter will jagen ...
Die tiefen Spuren des Würgegriffes der Gepardin am Hals einer Grantgazelle. ◁

Parks benutzen, um Katzen zu suchen und zu beobachten. Viele Menschen lieben es, Katzen um sich zu haben – auch im Alltag. Alleine in Italien werden – auch heute noch – über 3.000 Großkatzen (Löwen, Tiger, Leoparden) als Haustiere gehalten. Weltweit halten über 100 Millionen Menschen domestizierte und gezüchtete Katzen als Haustiere. In den USA werden jährlich 1,5 Milliarden Dollar für Katzenfutter ausgegeben und zusätzlich nochmal alleine für Katzenstreu, also Füllmaterial für das Katzenkörbchen, 200 Millionen Dollar. 500 Millionen Menschen besuchen jährlich – hauptsächlich wegen der großen Katzen – zoologische Gärten. Dies alles zeigt, wie sehr sich die Menschen zu Katzen hingezogen fühlen und läßt hoffen, daß die Chancen – auch durch das immer schneller wachsende Problembewußtsein der Menschen – für ein Überleben von Cheetah in natürlichen Lebensräumen nicht so schlecht sind. Die nächsten 20 - 100 Jahre sind wahrscheinlich entscheidend: Wir sollten hoffen, daß die Menschen die richtigen Entscheidungen treffen, um den Geparden die Chance zu geben, sich den ständigem Wandel unterworfenen Verhältnissen der Erde anzupassen. Dazu müssen wir ihnen genügend Raum überlassen, in dem ohne Einfluß durch uns Menschen Beute und Feinde der Geparden ihr natürliches Gleichgewicht halten können.

Hoffentlich ergeht es dem Gepard nicht wie dem Riesenalk, der – erdgeschichtlich betrachtet – eine einzige Sekunde zu früh ausgerottet wurde. Noch 1840 brütete der Riesenalk auf der Insel St. Kilda vor der Küste Schottlands. Die letzten Riesenalke wurden auf Island 1844 ausgerottet. Jetzt kann man ihn nur noch als ausgestopfte Hülle in Museen anschauen. Hoffen wir, daß es Cheetah besser ergeht und daß zukünftige Generationen sie nicht nur als gestopfte Hülle im Museum anschauen können, sondern ihr in der Masai Mara als einer der elegantesten Katzen auf Erden beim gelebten Leben zuschauen können und dürfen.

Familienfoto nach einem sehr starken Regen. Die ganze Savanne im Hintergrund ist überschwemmt. △

Nikon F4, 3.5 / 400 mm, Fujichrome-100

Zum Abschluß Fotografisches:

Fünf bis sieben Leute in einem Landrover oder Kleinbus, die nach dem Frühstück Lodge oder Zeltcamp verlassen und dann einige Stunden in der Savanne herumfahren: das ist die ostafrikanische Safariroutine.

Wir hatten anderes im Sinn: Sechs Wochen nur zu zweit in einem Wagen und nur Geparde. Warum nur eine Art? Auf den üblichen Fotosafaris fährt man von Löwen zu Elefanten, von Zebras zu Flußpferden und bekommt viel zu sehen, zuviel, um wirklich gute Fotos machen zu können.

Das macht zwar Spaß, ist abwechslungsreich und nie langweilig, denn immer, wenn die Löwen sich hinlegen und dösen, fährt man eben weiter – immer auf der Suche nach d e m Schuß und dem fotografischen Abenteuer. Dieser Art Paparazzifotografie wollten wir diesmal nicht frönen.

Mit langem Atem bei den Geparden auch den Frust durchstehen (oder den Frieden genießen?), wenn mal fünf Stunden oder vier Tage nichts passiert, aber um dann auch den Lustgewinn zu haben, wenn schließlich doch etwas Interessantes sich ereignet, das wollten wir in diesen sechs Wochen erreichen – und einen möglichst tiefen Einblick in Leben und Verhalten dieser wunderschönen Katzen bekommen.

Wir bekamen beides reichlich: Lust und Frust und etliche sehr interessante fotografische Erkenntnisse, von denen wir hier einige weitergeben möchten. Sie sind hoffentlich nicht nur für zukünftige Afrika- oder Fotosafari-Reisende von Interesse.

Wie sieht die ideale Fotosafari aus?

Was kann man nach unseren Erfahrungen jemandem raten, der eine Fotosafari in Ostafrika machen will?

Wichtigste Erkenntnis: Gruppenreisen sind nur dann sinnvoll, wenn man sie als eine Art kamerabewaffneten Urlaub betrachtet.

So stellt man sich Ostafrika in der Regel nicht vor. ◁

Leica R6, 2.8 / 100 mm, Fujichrome-100

Wir haben jeden Tag dutzende von Safarifahrzeugen beobachten können, mit etlichen kamerabewaffneten Menschen besetzt, die meistens 70 - 210 mm Zoomobjektive mit sich führten. Quintessenz: Es reicht sicher für gute Urlaubsfotos, aber nicht für mehr.
Diese Fahrzeuge halten selten länger als fünf bis zehn Minuten, weil sie ja ein möglichst vielseitiges Programm abspulen wollen.
Wenn ein Fotograf an Bord das Fahrzeug in einer ganz bestimmten Position zum Tier haben will und dann auch noch 30 - 40 Minuten stehen bleiben möchte, bis das Tier den Kopf einmal nach links dreht – so etwas macht die Restbesatzung nur einmal mit. Wer ernsthaft fotografieren will, muß anders vorgehen:
Erste und streßfreieste Möglichkeit: Man geht in ein Camp, wie etwa das Govenor's Camp, das Intrepid's Camp, das Mara River Camp oder das Mara Buffalo Camp in der Masai Mara, wo man Fahrzeuge mit Vierradantrieb zur Alleinbenutzung mieten kann und auch einen Fahrer bekommt, der die Gegend kennt.
Man fliegt von Frankfurt oder London abends gegen 22.00 Uhr nach Nairobi, kommt dort morgens gegen 6.00 Uhr an, nimmt dann die Linienmaschine der Air Kenya in die Masai Mara – und kann dann nach dem Mittagessen schon zur ersten Fotosafari aufbrechen.
Man kann dann halten, wo man will, im Winkel, wie man will und so lange man will – und wenn dann die Fotos nichts werden, dann ist man selber Schuld und kann es auf niemanden und nichts sonst abschieben, das ist der Nachteil der Methode.
Eine andere interessante Möglichkeit – wenn man nicht nur in der Masai Mara bleiben will – heißt: Zeltsafari ab Nairobi.
Man bucht in seinem Reisebüro eine individuelle Zeltsafari. In Nairobi erwartet einen dann ein eigenes Fahrzeug mit Fahrer und Koch, komplett mit Zelten und allem Zubehör. Man fährt dann los in die Parks, in die man möchte, bleibt so lange man möchte und fotografiert, wo man möchte; ohne Rücksicht nehmen zu müssen auf den Routinefahrplan von Veranstalter oder Mitreisenden. Ideal ist so eine Tour zu zweit, mit Lebenspartner/in oder mit einem Fotokollegen. Versuchen Sie es: Sie werden eine herrliche Zeit haben – und wirklich fotografieren können und nicht knipsen müssen – der Umstände wegen.
Quintessenz: Die üblichen Fotosafaris sind großartig geeignet, um einen guten Einblick in das Leben in Ostafrikas Nationalparks und Reservate zu bekommen und auch, um gute Urlaubsfotos mit nach Hause zu bringen. Wer allerdings den Ehrgeiz hat, besondere Bilder zu machen, muß einen etwas größeren Aufwand treiben.

NORBERT ROSING

geb. 12.12.1953 in Vreden,
gelernter Krankenpfleger. Fotografischer Autodidakt, arbeitet seit einigen Jahren als freiberuflicher Naturfotograf.
Ausrüstung: Leica Cameras und Objektive;
meist verwendete Objektive: Apo Telyt 2.8/280, Apo Telyt 2.8/400, Apo Telyt 3.4/180, Super Elmarit 3.5/15; für Actionsfotos: Canon EOS
– 1984 Aufnahme in die Gesellschaft Deutscher Tierfotografen.
– 1989 1. Preis Kategorie Vögel, BBC Wildlife Wettbewerb
– 1990 Spezialpreis Kategorie Säuger, BBC Wildlife Wettbewerb
– 1990 1. Preis Kategorie Humor, World Press Photo
– diverse Preise bei der Ges. Deutscher Tierfotografen.
1988: Beginn der Arbeit an einer Geschichte über das Leben an der Hudson Bay/Canada: Eisbären, Polarlichter, Schneewehen, Eisschollen, Menschen u.a.
Einzelthemen aus diesen Bereichen wurden sowohl in Italien als auch in Deutschland als z.T. große Bildstrekken veröffentlicht: OASIS (Italien), Photo Technik Int., Kosmos, Zeit magazin, Fotografie draußen, BUNTE.

FRITZ PÖLKING

geb. 30.1.1936 in Krefeld.
Ausrüstung: Nikon F4;
meistbenutzte Objektive 2.8/ 105 mm MF, 4.0/300 mm AF und 3.5/400 mm MF
Veröffentlichungen: ‚Wie fotografiert man Vögel?', Franckh-Verlag, 1972; ‚Nationalpark Galapagos', Kilda-Verlag, 1977; ‚Vogelfotografie', Kilda-Verlag, 1987;
Preise: ‚Naturfotograf des Jahres' 1977 in Großbritannien; ‚GDT-Naturfotograf des Jahres' 1977, 1981 und 1992 in Deutschland;
Hauptarbeitsgebiete: Ostafrika, Galapagos Inseln, Süd-Florida, Bayerischer Wald;
Fritz Pölking arbeitete unter anderem acht Jahre an einer Serie Verhaltensfotos vom europäischen Eisvogel. Er war 1971 Mitbegründer der Gesellschaft Deutscher Tierfotografen e.V..
Zur Zeit arbeitet er an einer fotografischen Dokumentation über das Leben des Fischadlers.

Nikon F4, 4.0 / 300 mm, Fujichrome-100

Brennweiten und optische Qualität

Die wichtigsten Brennweiten für uns auf dieser Fotosafari waren 300 und 400 mm. Etwa 80 % aller Fotos machten wir mit Objektiven dieser Brennweiten. Den Rest mit 28 - 70, 80 - 200 und 500 und 600 mm. Wenn wir in Zukunft auf Fotosafaris nur ein Objektiv mitnehmen dürften, dann würden wir ein 400 mm Objektiv nehmen. Bei zwei das 400er und ein 80 - 200 mm. Bei drei Objektiven das 400er mit 1,4 x Konverter, ein 80 - 200 und ein 28 - 70 mm.
Die optische Qualität ist heute bei allen Objektiven mit Sondergläsern hervorragend. Wir hatten mit von Canon 4,0 / 300 L und 4,5 / 500 L, von Leica 2,8 / 280 und 2,8 / 400 mm Apo, von Nikon 4,0 / 300 ED und 3,5 / 400 mm ED – man konnte nachher auf dem Leuchtpult praktisch keine Qualitätsunterschiede sehen, egal, ob die Dias mit dem ‚billigen' 300 L von Canon oder mit den 5 bis 10 x so teuren 400ern von Nikon oder Leica gemacht waren.

Ständig spielen die jungen Geparde Beutetier und Jäger, wobei sie sich in den Rollen abwechseln. Verfolgen, beißen, umwerfen und anspringen gehören zum Lieblingsrepertoire; aber es bleibt immer Spiel und es kommt nicht zu wirklich ernsthaften Kämpfen.

AF oder MF?

Wie sieht es aus mit Autofokus? Ganz simpel – es geht nicht mehr ohne. Wir hatten auf dieser Tour besonders gute Vergleichsmöglichkeiten, weil jeder von uns beiden ein 4,0/300 mm Objektiv mit Autofokus dabei hatte und jeder ein manuell scharfzustellendes 400er. Wir waren also gezwungen, dauernd zwischen AF und MF zu wechseln und konnten uns nicht an eine Scharfstellmöglichkeit gewöhnen. In den sechs Wochen fotografierten wir über 900 Filme bzw. 32.400 Fotos abwechselnd mit AF und MF. Quintessenz: Mit Manuellfokus zu arbeiten, macht mehr Spaß, aber mit Autofokus bekommt man bessere, schärfere und interessantere Bilder.

Manuell zu fokussieren ist ruhiger, man kann bequemer gestalten, aber man ist sogar bei normalen Motiven, die keine Schnelligkeit verlangen, wesentlich langsamer als mit AF und braucht doch sehr viel Zeit, bis die Schärfe genau auf dem Punkt liegt.

Wenn Sie eine Kamera mit elektronischer Schärfeanzeige haben (also mit einem grünen oder schwarzen Punkt im Sucher, der aufleuchtet, wenn die Schärfe ganz exakt eingestellt ist), dann können Sie das sehr schön nachprüfen.

Stellen Sie die Schärfe ganz normal ein und sehen Sie dann nach, ob der Punkt aufleuchtet. Meistens leuchtet er nicht auf und Sie müssen ‚einen Hauch' nachfokussieren. Sehen Sie: dieser Hauch macht den Unterschied zwischen scharf und wirklich scharf.

Wenn's dann zur Sache geht, wenn etwa die Gepardin jagt, dann kann man Kameras ohne AF praktisch zu Hause lassen. Keine Chance ...

Wenn es in der Naturfotografie um die superdynamischen Aktionsfotos geht, dann sind bei manueller Fokussierung von 100 Bildern etwa 99 unscharf. Aber wenn Sie sich dann das eine scharfe mit einer wirklich guten Lupe – etwa Macromax 5x von EMO-Optik in Wetzlar – auf dem Leuchtpult ansehen ... – dann ist auch das noch unscharf. Mit Autofokus kommen Sie aber auf 50 % scharfe Bilder und – Sie haben Fotos mit dem ‚Blub', denn so etwas konnte bisher noch nicht fotografiert werden.

Nach einer ganz neuen Untersuchung von C.G. Gakahu bleibt der Tourist im Schnitt 2,5 Tage in der Masai Mara. Dann ist es natürlich für ihn von Vorteil, wenn er Geparde nicht erst lange suchen muß, und sie sich Safarifahrzeugen so indifferent gegenüber verhalten, wie hier im Foto sehr schön zu sehen ist.
Der Gepard ‚stört' die sechs Touristen nicht beim knipsen und filmen, und diese stören ihn nicht bei der Jagd.
Ideale Koexistenz und die einzige wirkliche Zukunftssicherung für unsere schöne Katze. ▷

Nikon F4, 3.5/400 mm, Fujichrome Velvia-50

Bilder mit dem ‚Blub'

Wenn Sie wirklich erfolgreich fotografieren wollen, müssen Sie das Spinatsyndrom berücksichtigen. Kennen Sie nicht? Wenn Sie in den Supermarkt gehen, um Spinat zu kaufen, dann liegen in der Tiefkühltruhe acht bis zehn verschiedene Packungen – alle mit Spinat. Alle sehen gleich aus, alle enthalten nichts als Spinat… bis auf eine: die mit dem ‚extra Blub Sahne". Welche von den zehn Packungen nehmen Sie? Sehen Sie, in der Fotografie ist es ebenso. Wenn auf dem Leuchtpult der Redaktion, des Lektors oder der Bildagentur 30 - 40 Dias von Geparden liegen, die zehn verschiedene Fotografen gemacht haben, welches Dia wird dann letztlich genommen? Natürlich das mit dem extra Blub.

Daher genügt es nicht, einfach Geparde oder Elefanten zu fotografieren, wenn man erfolgreich sein will. Man muß schon dafür sorgen, daß sich die Bilder aus der Masse abheben. Das war auch unsere Strategie. Wir hatten uns einfach gedacht: Wenn die anderen Fotografen auf Safari in Ostafrika immer nur zehn bis dreißig Minuten bei Geparden stehen bleiben, sind die Chancen gering, Bilder mit dem extra Blub zu machen. Aber wenn man 50 Tage à 12 Stunden bei den Geparden bleibt, dann müßte doch eigentlich die Post abgehen …

Filme

Vor der Tour war alles klar, im Griff und unter Kontrolle. Sechs Wochen und 900 Filme später hatten wir etliche neue Erfahrungen gemacht. Mitgenommen hatten wir für gutes Wetter den Fujichrome Velvia-50, den Fujichrome-100 für die Aktionsfotografie und den Fujichrome-400 für lichtmäßige Notsituationen. Dazu noch etliche Kodachrome-25, Kodachrome-64 und einige der neuen Ektachrome-X Filme mit 64 und 100 ASA zu Testzwecken.

Erkenntnisse: der Velvia ist ein sehr guter/teuflischer Film. Sehr belichtungsempfindlich, ohne Toleranzen, mit schauderhaften Grüntönen, wenn keine Sonne scheint, aber bei weichem Sonnenlicht ein traumhaft guter Diafilm – einmalig.

Der Fujichrome-100 ist ein braves Arbeitspferd, farblich und schärfemäßig ohne Glanzlichter und der Fujichrome-400 wirklich nur im Notfall zu gebrauchen. Er verschwärzlicht alle Farben und hat eine deutliche Blaugrün-Tendenz.

Etwa 300.000 Touristen kommen inzwischen jährlich in die Masai Mara. 58% davon kommen, weil sie Geparde sehen möchten, das sagt die neue Untersuchung von C.G. Gakahu aus dem Jahre 1992. Etwas überraschend ist auch die Aussage dieser Arbeit, daß die Wagenspuren in der Masai Mara mehr ein ästhetisches Problem sind, als ernsthafte Schädigung der Vegetation.

Nikon F4, 3.5 / 400 mm, Fujichrome Velvia-50

Mit Kodachrome sieht es im Augenblick etwas traurig aus. Über Jahrzehnte hinweg der Standardfilm fast aller Naturfotografen, ist seine Zeit als K-25 und K-64 wohl endgültig abgelaufen. Wenn wir zum Vergleich Kodachrome- und Velviadias aus Kenia gemischt auf das Leuchtpult legten, dann sahen die Kodachromedias recht alt aus. Grau, traurig, farblos. Man kann nur hoffen, daß Kodak bald mit neuen Kodachrome-Diafilmen auf den Markt kommt. Farbintensiver, leuchtender und in den Empfindlichkeiten dem heutigen Standard angepaßt als Kodachrome-50 und Kodachrome-100. Möglichst in Velvia-Farbqualität, aber bitte ohne dessen scheußliche Grünwiedergabe. Wir haben oft die gleichen Motive mit Fuji Velvia-50 und Fujichrome-100 fotografiert. Wenn man die Dias nebeneinander auf den Leuchtkasten legt, dann kann man kaum glauben, daß beide Filme von einem Hersteller kommen, so unterschiedlich ist die Farbbalance.

Kodachrome-200, Ektachrome-64X und Ektachrome-100X enttäuschten. K-200 war sehr grobkörnig und braunstichig und die beiden Ektachrome X Filme zeigten die gleiche Brauntendenz wie der K-200. Von der frischen Farbigkeit, die Kodak für diese neuen Filme versprach, war nichts zu bemerken. Alles ging in Richtung brauner Soße ... Lassen wir uns überraschen, was die neuen Ektachrome-Elite Diafilme von Kodak an Qualität bringen werden. Die Vorankündigungen der Fotozeitschriften jetzt im Sommer 1993 versprechen ja wahre Wunderdinge ...

Ein interessantes Phänomen – worüber wir aber noch nie etwas in der Fotofachpresse gelesen haben – ist, daß Farbwiedergabe und Korn der Filme stark von Landschaft und Motiv abhängig sind. Daher gelten auch unsere Wertungen der Filme nur für Motive in den Savannen Ostafrikas. Wir haben zum Beispiel mit dem Kodachrome-200 im Nationalpark Bayerischer Wald sehr gute Erfahrungen gemacht. Das Korn ist kaum störend und die Farben sind sehr angenehm. Hier in Afrika ist das Korn grausam und Farbe kaum vorhanden, fast alles wirkt bräunlich. Die Erkennbarkeit des Kornes scheint wirklich motivabhängig zu sein.

Wir benutzen den K-200 gerne in Deutschland bei Aufnahmen von Blumen, Gräsern und bei anderen Nahaufnahmen, wenn man sehr spät fotografieren muß, kurz vor oder nach Sonnenuntergang. Oft muß man ja das letzte Licht benutzen, weil dann erst Windstille eintritt. Dann kann man oft Motive fotografieren, die den ganzen Tag über technisch nicht zu bewältigen waren. Wenn Sie jetzt K-25 oder Velvia nehmen, bekommen Sie Bilder mit einer grünblauen Leichenblässe, die schlimm aussehen, ganz abgesehen von den endlosen Belichtungszeiten

Die Impalaherde hat die sich anschleichende Gepardin noch nicht entdeckt. Haben Sie gesehen, wo sich Cheetah versteckt? ◁

Nikon F4, 4.0 / 300 mm, Fujichrome-100

mit diesen niedrigempfindlichen Filmen in der Restlichtfotografie. Hier ist der K-200 farblich sehr überzeugend und man sieht bei solchen Fotos, mit dem 2,8 / 105 mm Makroobjektiv gemacht, auch kaum störendes Korn. In Afrika ist die oberste Grenze der 100 ASA Film, wenn die Bilder noch einigermaßen scharf und feinkörnig aussehen sollen. Wenn es wirklich auf Schärfe ankommt, müssen Sie 25 oder 50 ASA Filme nehmen. Dies gilt nicht für Negativfilme. Da bekommt man selbst von 400 ASA Filmen hervorragende, farblich überzeugende Papierbilder.

Es werde Licht

Kaum jemand auf der Welt ist so abhängig von der Lichtfarbe wie der Naturfotograf mit einem Diafilm in der Kamera. Von 9.00 Uhr morgens bis 16.30 Uhr am Nachmittag ist das Licht hier in der Nähe des Äquators so scheußlich, daß es sich nur für Aktionsfotos eignet, wo das Ereignis wichtig ist, aber nicht das subtil gestaltete Motiv.
Wirklich gutes, sehr gutes Fotolicht ist von Sonnenaufgang bis eine Stunde danach und dann wieder die letzte Stunde vor Sonnenuntergang. Alles andere ist zweitklassig.
Das Ganze ist natürlich für einen Fotografen, der vor Schaffensdrang fast platzt, ungeheuer frustrierend. Man kann versuchen, diese Stunden des Tages zu überbrücken, in dem man Tiere im Schatten fotografiert, Aufhellblitze benutzt und solche Spielchen mehr treibt, aber es ist alles letztlich Notbehelf. Zwei Stunden Fotolicht gibt es in Kenia pro Tag und nicht mehr …
Eine sehr interessante Erfahrung machten wir nach vier Wochen, was Licht, Gestaltung der Bilder und Ausdruck der Geparde betraf. Uns fiel auf, daß das allerbeste Fotolicht v o r Sonnenaufgang war. Nicht der blutrote Himmel kurz vor Sonnenaufgang, sondern noch eher. Das Licht ist in der Masai Mara oft schon zehn bis fünfzehn Minuten vor Sonnenaufgang da. Es ist nicht viel, aber es hat eine absolut neutrale Färbung, also nicht rot- oder blaustichig. Es ist sehr, sehr weich, weil es ja nicht vom Himmel strahlt, sondern um die Erdkrümmung kommt, und vom Himmel nur reflektiert wird, etwa wie das Licht aus einem großen Aufhellschirm im Fotostudio, in den man hineingeblitzt hat.
Dieses ganz frühe, ganz wenige Licht in der Mara vor Sonnenaufgang bringt alles zu einem unbeschreiblich intensiven Ausdruck und taucht Landschaft und Tiere in eine unglaubliche Atmosphäre. Leider dauert es nur wenige Minuten und ist auch so schwach, daß man die Tiere

Gepardinnen leben alleine, wenn sie keine Jungen führen. Männchen leben ebenfalls alleine oder in kleinen Gruppen von zwei bis vier Tieren, die man Koalitionen nennt und die Territorien errichten und gegen männliche Artgenossen verteidigen. Dies sind keine Fortpflanzungsterritorien, sie dienen nur der Absicherung der Nahrungsressourcen.
Koalitionen töten oft größere Beutetiere als einzeln lebende Geparde. Sie jagen zwar oft gemeinsam, aber mit Rollenverteilung, wie in richtigen Kooperationen.

Leica R6, 2.8 / 400 mm, Fujichrome Velvia-50 ▷

bei Velviafilm mit Blende 4,0 und 1/4 bis 1/15 Sekunde belichten muß. Aber wenn es gelingt, bekommt man traumhafte Bilder. Wenn Sie mal in Ostafrika sind, dann fahren Sie am frühen Morgen um 5.00 Uhr raus, damit Sie bei den Motiven sind, wenn das Licht vor dem Licht kommt. Sie werden begeistert sein …

Wegen Cheetah hatte dieses ‚Vorlicht' für uns noch einen ganz besonderen Reiz. Wenn Sie einmal in Büchern und Zeitschriften Gepardenfotos ansehen, dann werden Sie feststellen, daß die Augen der Geparde fast immer zu einem Drittel geschlossen sind und recht dunkel wirken. Das liegt an der grellen und steil stehenden Sonne über der ostafrikanischen Savanne. Ganz früh am Morgen und ganz spät am Abend, wenn es eigentlich zum Fotografieren noch viel zu früh oder schon wieder viel zu spät ist, dann bekommen die Geparde wunderbare große, hellgelb bis bernsteinfarbende Augen – und die sind so faszinierend und beeindruckend, daß man am liebsten alle über Tag gemachten Dias wegwerfen möchte. (Das rechte Bild auf Seite 33 ist so ein vor Sonnenaufgang fotografiertes)

Wenn Sie einmal diese Gepardenkatzenaugen in den Stunden zwischen Tag und Traum bewußt gesehen haben, sind Sie sofort ihrem Reiz erlegen und möchten eigentlich überhaupt keine anderen Fotos mehr machen.

Einige Tips aus der Praxis

Fotografieren Sie in Ostafrika nicht aus dem offenen Autodach. Es sieht zwar ganz toll aus, wenn Sie da oben stehen und das lange Objektiv auf die Tiere richten und es machen auch fast alle, aber dadurch wird es nicht richtiger.

Aus der Dachluke fotografieren Sie den Tieren auf die Rücken und diese bekommen dadurch optisch ganz kurze Beine und auch der Hintergrund wird scheußlich. Aus dem Wagenfenster haben Sie eine wesentlich bessere Perspektive. Nehmen Sie einen kleinen Sandsack mit, um das Objektiv darauf abzustützen. Noch besser ist ein richtiges Scheibenstativ, das Ihnen der Fotohändler besorgen kann. Dann – es regnet in der Mara sehr häufig ein bis zwei Stunden pro Tag. Benutzen Sie als verlängerte Sonnenblende das abgeschnittene Vorderteil von einem alten Gummistiefel. Mit einem Gummiring um die Sonnenblende gebunden, können Sie dann sogar bei Regen fotografieren, der fast waagerecht auf Sie zukommt.

Die Masai Mara mit ihren etwa 5000 qkm, davon ca. 1500 qkm Reservat, ist das meistbesuchte Tierreservat in Ostafrika, nicht zuletzt wegen der großen Chance, ziemlich sicher Geparde beobachten zu können.

Nikon F4, 2.8 / 80-200 mm, Blitz, Fujichrome-100

Nikon F4, 3.5 / 400 mm, Fujichrome Velvia-50

Wir haben unsere Filme in Afrika wie folgt belichtet: Fujichrome-100 +/- 0, Fujichrome Velvia-50 + 0,7, Fujichrome-400 + 0,3, Kodachrome-200 - 0,3, Kodachrome-25 +/- 0, Kodachrome-64 - 0,3 und Ektachrome-100 mit +/- 0 Blenden Abweichung. Mit diesen Abweichungen belichtet sahen unsere unterschiedlichen Diafilme in den Dichten gleich aus. Übernehmen Sie diese Werte aber nicht einfach so, sondern betrachten Sie sie als Anhaltspunkte, um die für Ihre Kamera und Ihr Belichtungssystem geltenden Werte herauszufinden.

Alle Gepardenbilder die Sie hier sehen, haben wir im Winter 1991/92 im Masai Mara-Gebiet in Kenia gemacht; wir waren zu zweit mit Fahrer jeden Tag von morgens vor Sonnenaufgang bis nach Sonnenuntergang (abzgl. 2 Stunden Mittagspause) unterwegs. Wir sind die ganzen sechs Wochen nur in der Mara geblieben und haben (fast) nur Geparde fotografiert.

Die Beschränkung und intensive Beschäftigung mit nur einer Art birgt natürlich die Gefahr, daß man in den sechs Wochen im Reservat viele andere gute – vielleicht sogar sensationelle – fotografische Möglichkeiten verpaßt. Auf der anderen Seite ist es aber nur so möglich, wirklich gute Aufnahmen von einer Art zu machen, die über Oberflächlichkeiten hinausgehen und einen tieferen fotografischen Einblick in die Welt dieser wundervollen Katzenart erlauben.

Die Zukunft von Geparden, Leoparden, Elefanten, Nashörnern und anderen Tieren ist auf der ganzen Welt gefährdet. Wir Fotografen können mit guten, Emotionen weckenden und durch ihre Schönheit oder Aussagekraft überzeugenden Bildern aus diesen letzten, noch einigermaßen intakten Naturlandschaften der Erde mithelfen, daß Cheetah und ihre Nachbarn eine Chance für die Zukunft haben. Hoffen wir, daß unsere Bilder gut genug sind, mit in diesem Sinne zu wirken, zu helfen und zu überzeugen.

Benutzte Literatur

Kathrine und Karl Ammann
‚Geparden', Landbuch-Verlag, Hannover, 1987. Originalausgabe: ‚Cheetah', Camerapix, Nairobi, 1984.

‚Great Cats', Rodale Press, Emmaus, USA, 1991.

‚Grzimeks Tierleben', Band 12, Säugetiere III, Kindler Verlag, Zürich, 1972.

Jonathan Scott
‚Painted Wolves', Hamish Hamilton, London, 1991.

C.G. Gakahu
‚Tourist Attitudes and Use Impacts in Maasai Mara National Reserve', Wildlife Conservation Int., Nairobi, 1992.

Zwei kleine Geparde spielen mit einem jungen Impala. ▷

Nikon F4, 4.0 / 300 mm, Kodachrome-25